FORSCHUNGSBERICHTE DES LANDES NORDRHEIN-WESTFALEN

Nr. 2830/Fachgruppe Hüttenwesen/Werkstoffkunde

Herausgegeben vom Minister für Wissenschaft und Forschung



Prof. Dr.-Ing. Hans Krause
Dr.-Ing. Jürgen Scholten
Lehrgebiet: Abnutzung der Werkstoffe
der Rhein.-Westf. Techn. Hochschule Aachen

# Untersuchungen zum Einfluß der Gefügeausbildung auf das Wälzreibungs- und Verschleißverhalten vergüteter Stähle

Westdeutscher Verlag 1979

CIP-Kurztitelaufnahme der Deutschen Bibliothek

Krause, Hans:
Untersuchungen zum Einfluss der Gefügeausbildung auf das Wälzreibungs- und Verschleissverhalten vergüteter Stähle / Hans Krause ; Jürgen Scholten. - Opladen : Westdeutscher Verlag, 1979.

(Forschungsberichte des Landes Nordrhein-Westfalen ; Nr. 2830 : Fachgruppe Hüttenwesen, Werkstoffkunde)

ISBN-13: 978-3-531-02830-9 e-ISBN-13: 978-3-322-88436-7
DOI: 10.1007/978-3-322-88436-7

NE: Scholten, Jürgen:


Softcover reprint of the hardcover 1st edition 1979
Gesamtherstellung: Westdeutscher Verlag

Inhalt

Seite

Seite

## 1. Einleitung

Im Rahmen umfangreicher experimenteller Untersuchungen zur Entwicklung neuer Rad- und Schienenwerkstoffe, die den gesteigerten Betriebsbeanspruchungen der Eisenbahnen infolge neuerlicher Anhebung der Fahrgeschwindigkeiten bis über 200 km/h, größerer Antriebsleistungen, erhöhter Achslasten, kleinerer Raddurchmesser usw. gewachsen sein sollen, war neben der Werkstoffestigkeit ein in dieser Form bisher nicht bekannter, deutlicher Einfluß der Sekundärgefügeausbildung der untersuchten, teilweise vergüteten Kohlenstoffstähle auf deren Reibungs- und besonders auf deren Verschleißverhalten bei technisch trockener Wälzreibung festzustellen /1, 2/.

Die genannten Untersuchungen wurden mit einer Wälzreibungsprüfmaschine (Bauart Bugarcic /3/) durchgeführt. Zwei zylindrische Stahlscheiben mit einem Durchmesser von ca. 50 mm und einer Breite von 8 mm laufen dabei mit konstanten, aber unterschiedlichen Drehzahlen, also mit Schlupf aufeinander ab, um in diesem Falle das Rad/Schiene-System nachzubilden. Der schneller laufende (treibende) Prüfkörper soll unter diesen Bedingungen ein Antriebsrad darstellen, der langsamere (bremsende) Prüfkörper entsprechend die Schiene. Die Reibungszahl $\mu$ wird über eine Drehmomentenmessung gewonnen, der Verschleiß $\Delta R$ (Verringerung des Prüfkörperradius) aus dem Gewichtsverlust der Prüfkörper errechnet (s. auch Punkte 6.1., 6.2.).

Die hinsichtlich des Gefügeeinflusses wichtigsten, immer unter gleichen Bedingungen gewonnenen Ergebnisse der genannten Untersuchungen lassen sich wie folgt zusammenfassen /1/:

1. Einfluß der Zugfestigkeit - bei gleicher Gefügeausbildung und gleicher chemischer Zusammensetzung, Bild 1:

   Wird allgemein einem Stahl mit hoher Zugfestigkeit auch ein höherer Widerstand gegen Verschleiß zugeordnet als einem Stahl geringerer Festigkeit, so war in diesen Prüfstandsuntersuchungen bei technisch trockener Wälzreibung das Gegenteil festzustellen. Der vergütete Stahl T1 ist nach dem Härten zur Erzielung unterschiedlicher Festigkeiten (Sollwerte $\sigma_{B(T1a)}$ = 900 N/mm$^2$; $\sigma_{B(T1b)}$ = 1000 N/mm$^2$) bei verschiedenen Temperaturen angelassen worden. In Bild 1 ist zu erkennen, daß die höherfeste Ausführung T1b bei dem Stahl VA (verschleißfester Schienenstahl, Güte A nach UIC 860 V) als Gegenwerkstoff sowohl höheren Radverschleiß als auch bedeutend mehr Schienenverschleiß verursacht als die Ausführung T1a mit geringerer Zugfestigkeit. Die Unterschiede im Reibungsverhalten sind dagegen nur unwesentlich.

2. Einfluß der Sekundärgefügeausbildung - bei gleicher Zugfestigkeit, Bild 2:

   Stähle unterschiedlicher chemischer Zusammensetzung mit gleicher Zugfestigkeit haben bei Wälzbeanspruchung nicht den gleichen Verschleißwiderstand, wie in Bild 2 zu erkennen ist. Bei dem perlitischen Schienenstahl VA als Gegenwerkstoff bestimmt das Sekundärgefüge den Verschleißwiderstand. Rad- und Schienenverschleiß nehmen bei Radstählen mit martensitischen und bainitischen Sekundärgefügen gegenüber einem perlitischen Radreifenstahl bedeutend ab. Auch das Reibungsverhalten verbessert sich im Vergleich zu der Paarung der perlitischen Stähle.

3. Einfluß von Festigkeit und Gefügeausbildung des Schienenstahls bei gleichem Radreifenstahl, Bild 3:

   Die bisherigen Rad- und Schienenstähle weisen im allgemeinen ein überwiegend perlitisches Sekundärgefüge auf. Zur Beurteilung des Einflusses von Festigkeit und Gefüge der Schiene bei gleichem Radwerkstoff sind daher besonders Werkstoffpaarungen perlitischer Stähle ausgewählt worden. Die Verwendung des höherfesten perlitischen Schienenstahles B2 verringert den Schienenverschleiß auf weniger als ein Drittel der Paarung gleichfester Werkstoffe (T4a/VA), der Radverschleiß steigt dagegen an. Verwendet man den bainitischen Stahl B3, der in der gleichen Festigkeitsstufe wie der perlitische Stahl B2 liegt, tritt geringerer Radreifenverschleiß, aber etwas höherer Schienenverschleiß auf als bei der Paarung T4a/B2.

4. Einfluß eines Radstahles hoher Festigkeit, Bild 4:

   Die höhere Festigkeit des Stahles T4b ist ebenfalls durch eine geringere Anlaßtemperatur beim Vergüten gegenüber dem Stahl T4a erzielt worden. Zunächst bestätigen die Werkstoffpaarungen I und II nochmals die Aussage, daß der höherfeste Radstahl bei gleichem Schienenstahl den Verschleiß von Rad und Schiene deutlich erhöht. Benutzt man dagegen einen Schienenstahl in der gleichen hohen Festigkeitsstufe ($\sigma_B$ = 1100 N/mm$^2$), nimmt der Schienenverschleiß wieder deutlich ab. Setzt man außerdem noch einen Stahl mit bainitischem Gefüge in Kombination mit dem perlitischen Radstahl ein, läßt sich das Ergebnis noch verbessern. Im Reibungsverhalten sind nur geringfügige Abweichungen festzustellen.

Die neu gewonnenen Erkenntnisse ließen sich wie folgt zusammenfassen:

1. Die Zugfestigkeit eines Werkstoffes ist kein hinreichendes Maß für Verschleißfestigkeit.

2. Stähle gleicher Zugfestigkeit mit unterschiedlicher chemischer Zusammensetzung und Gefügeausbildung weichen bei gleichem Gegenwerkstoff in ihrem Verschleißverhalten deutlich voneinander ab.

3. Ein günstiges Reibungs- und Verschleißverhalten scheint immer dann vorzuliegen, wenn Werkstoffe mit unterschiedlicher Festigkeit und verschiedener Sekundärgefügeausbildung in einem Wälzreibungssystem kombiniert werden. Die Paarung von Stählen gleicher Festigkeitsstufe und gleicher Gefügeausbildung scheint sich immer ungünstig auszuwirken, unabhängig von der Höhe der Festigkeit.

4. Bei den Reibungszahlen sind in Abhängigkeit der Werkstoffpaarungen Unterschiede in einer Größenordnung von 20 ÷ 30 % festzustellen.

5. Die Festigkeitseigenschaften der Werkstoffe dürften demnach in einem tribologisch beanspruchten System bei technisch trockener Reibung (ohne Zwischenstoff) mehr zur Aufnahme der Lastspannungen als zur Erzielung eines bestimmten Reibungs- und Verschleißverhaltens dienen. Dieses wird bei gleichen Ausgangseigenschaften der Tribokontaktflächen entscheidend von der Paarung der Sekundärgefüge von Grund- und Gegenkörper bestimmt.

## 2. Ziele, Bedeutung und Aufgabenstellung

Vorrangiges Ziel der im Rahmen dieses Vorhabens durchgeführten Untersuchungen ist das Auffinden einer gesicherten physikalischen Erklärung, warum sich die Sekundärgefügeausbildung solcher Stähle bei gleicher Zugfestigkeit so deutlich auf das Reibungs- und Verschleißverhalten der betreffenden Werkstoffpaarungen bei Beanspruchung durch technisch trockene Wälzreibung auswirkt. Dazu müssen die physikalischen und chemischen Vorgänge an der Oberfläche und in der Grenzschicht der beanspruchten Werkstoffbereiche in ihrer Gesamtheit möglichst umfassend untersucht werden. Nach den heutigen Erkenntnissen bestimmen ja nicht die eigentlichen Grundwerkstoffe, sondern deren elastisch und plastisch verformte Grenzschichten sowie die sich bildenden tribochemischen Reaktionsprodukte das Reibungs- und Verschleißverhalten eines tribologischen Systems. Hier wird vermutet, daß den submikroskopischen Verformungs- und Bruchvorgängen in den beanspruchten Grenzschichten der beteiligten Körper eine entscheidende Bedeutung zukommt.

Gelingt es nun, durch Untersuchung dieser submikroskopischen Grenzschichtvorgänge mit Hilfe der Elektronenmikroskopie eine Erklärung für den deutlichen, bisher nur rein phänomenologisch festgestellten Einfluß des Sekundärgefüges der Metalle auf deren Reibungs- und Verschleißverhalten innerhalb eines tribologischen Systems zu finden, könnten vor allem die bisher festgestellten, mehr als einen Faktor 10 betragenden Unterschiede in der Höhe des Verschleißbetrages prinzipiell gleichartiger Stähle /1/ für die verschleißgefährdeten Teile des Maschinen- und Anlagenbaues nutzbar gemacht werden.

Hört man heute oft noch die Faustformel, daß ein Härteunterschied der Werkstoffe von Grund- und Gegenkörper eines Reibungssystems von 100 HB eine verschleißgünstige Paarung ergibt, sollen an deren Stelle wissenschaftlich fundierte, für den praktischen Gebrauch aufbereitete Ergebnisse gesetzt werden. Muß man heute bei Änderungen der Betriebsbedingungen über die zu erwartende Änderung des Reibungs- und Verschleißverhaltens spekulieren oder sich davon überraschen lassen, soll dies künftig durch die hier zu erwartenden Ergebnisse hinreichend genau abgeschätzt werden können. Inspektions- und Wartungsintervalle können so kostenoptimal abgestimmt und damit zu bedeutend geringeren Unterhaltskosten an allen kraftübertragenden, technisch trockenen Reibungssystemen wie Rad/Schiene, Bremsen, Kupplungen usw. führen. Darüber hinaus sind Verbesserungen der Notlaufeigenschaften geschmierter Systeme zu erwarten. Sinngemäß kann die gezielte Beeinflussung der Reibungszahl eines tribologischen Systems durch geeignete Werkstoffkombinationen zu nennenswerten Energie- und damit Kosteneinsparungen führen.

Da die vorgestellten, hier als Ausgangsbasis dienenden Untersuchungsergebnisse, insbesondere der Anstieg des Verschleißes bei Erhöhung der Werkstoffestigkeit, in Widerspruch zu der häufig anzutreffenden Meinung steht, nach der mit steigender Festigkeit bzw. Härte eines Werkstoffes gleichzeitig eine Abnahme des Verschleißes verbunden sei, war vor der Durchführung weiterer experimenteller Untersuchungen eine Auswertung der Fachliteratur zur Frage des Zusammenhanges von Werkstoffhärte und Verschleiß bzw. Verschleißwiderstand erforderlich (Kapitel 3). Damit sollte auch gleichzeitig vermieden werden, daß bei den weiterführenden Versuchen lediglich das "Eigenleben" oder die "Charakteristik" der benutzten Versuchseinrichtung erfaßt oder bestätigt würde, nicht aber allgemeingültige physikalische Aussagen zum Einfluß der Gefügeausbildung auf das Reibungs- und Verschleißverhalten der eingesetzten Stähle.

An diese Literaturauswertung schließen sich einige Ausführungen zur systematischen Analyse von Reibungs- und Verschleißvorgängen an, da diese, wie bereits erwähnt, nur bei Betrachtung des jeweiligen tribologischen Systems in seiner Gesamtheit, niemals jedoch als spezifische Werkstoffeigenschaften zu verstehen sind (Kapitel 4).

Eine Erfassung der bisherigen Ergebnisse zum Reibungs- und Verschleißverhalten von Metallen bei Beanspruchung durch technisch trockene Wälzreibung (Kapitel 5) dient ebenso wie die sich anschließenden Vorversuchsreihen im wesentlichen zur Einschränkung der Versuchsparameter, die bei der Untersuchung des Gefügeeinflusses noch variabel gestaltet werden müssen.

In den Hauptversuchsreihen (Kapitel 6) soll dann im ersten Untersuchungsschritt mit Hilfe einer Vielzahl speziell entwickelter Vergütungsstähle in verschiedenen Gefügezuständen die Abhängigkeit des Verschleißbetrages von der Sekundärgefügeausbildung genauer und statistisch weitergehend als bisher erfaßt werden. Damit ist das Gesamtergebnis erheblich besser abzusichern als mit den einleitend vorgestellten Untersuchungsergebnissen; gleichzeitig wird vermieden, daß man die Lösung eines "Spezialfalles" wegen einer nicht hinreichenden Anzahl an Meßpunkten fälschlicherweise als allgemeingültig ausgibt.

Im zweiten Untersuchungsschritt soll dann unter Berücksichtigung sowohl der nominellen Festigkeitseigenschaften der verschiedenen Stähle als auch der beanspruchungsbedingten Eigenschaftsänderungen der Grenzschichten eine Erklärung für den tatsächlichen Einfluß der Sekundärgefüge auf das Reibungs- und Verschleißverhalten der Vergütungsstähle bei Wälzbeanspruchung gesucht werden.

## 3. Zusammenhang von Werkstoffhärte und Verschleiß

Die Durchsicht einiger Standard-Taschenbücher des Maschinenbaues unter dem Gesichtspunkt möglicher Maßnahmen zur Verringerung von Verschleiß führt zu keinem nutzbaren Ergebnis /4 ÷ 7/. Nur vereinzelt ist das Wort "Verschleiß" unmittelbar im Inhaltsverzeichnis zu finden, selbst im Stichwortverzeichnis am Ende eines Buches ist es nicht immer enthalten. Meist wird nur kurz in den Kapiteln zur Werkstoffkunde und im Zusammenhang mit Lagern, Zahnrädern und Werkzeugen auf diese Fragen eingegangen. In Grundlagenbüchern über Berechnung und Auslegung von Maschinenelementen ist die Behandlung des Problemkreises Verschleiß unterschiedlich /8 ÷ 12/. Teilweise geht der Informationsgehalt nicht nennenswert über den der Taschenbücher hinaus. Hinweise auf die Vielschichtigkeit der Verschleißarten und der daraus resultierenden Forderung nach einer differenzierten Betrachtungsweise und Analyse der infrage kommenden Einflußgrößen bilden die Ausnahme, obwohl bereits in der im November 1953 vom Deutschen Normenausschuß zum Problem Verschleiß herausgegebenen Vornorm DIN 50320 /13/ auf diese Notwendigkeit hingewiesen ist.

In den allgemeinen Werkstoffkundebüchern werden Fragen des Verschleißes hauptsächlich im Zusammenhang mit Maßnahmen zur Erzielung bestimmter Werkstoffeigenschaften durch Wärmebehandlung und Oberflächenbeschichtungsverfahren angesprochen. Dabei überwiegt jedoch die Beschreibung der damit verbundenen werkstoffspezifischen Vorgänge wie Gefügeumwandlungen, Bildung von Karbiden, Diffusions- und Reaktionsmechanismen. Auf die physikalischen Ursachen, warum auf diese Weise ein verbessertes Verschleißverhalten zu erwarten ist, wird kaum eingegangen. Sinngemäßes gilt für den mit "verschleißfeste Werkstoffe" bezeichneten Bereich einiger Sonderlegierungen /14 ÷ 17/.

Unabhängig vom Umfang, der in den angeführten maschinen- und werkstofftechnischen Grundlagenbüchern dem Problemkreis Verschleiß gewidmet ist, wird übereinstimmend als wesentliche Maßnahme zur Vermeidung von Verschleiß der Einsatz eines Werkstoffes hoher Härte empfohlen, also:

hohe Härte = hoher Verschleißwiderstand

Dieser Zusammenhang sei stellvertretend am Beispiel der festigkeitsmäßigen Auslegung von Zahnrädern dargestellt: Nach Niemann /8/ wird einmal die Zahnfußtragfähigkeit auf Sicherheit gegen Zahnbruch und zum anderen die Zahnflankentragfähigkeit auf Sicherheit gegen Verschleiß bestimmt. Verschleiß an Zahnflanken tritt hauptsächlich in Form von Grübchenbildung (Pittings) beim Wälzvorgang als sogenannte Ermüdungserscheinung auf, bei der zur Überschreitung der Schub-Wechselfestigkeit unter der Oberfläche noch die Einpressung des Schmierstoffes in Haarrisse hinzutritt und so zum Herausbrechen von Materialstücken beiträgt.

Als weitere hauptsächliche Verschleißformen nennt Niemann unter anderem Riefenbildung und Freßzonen, die bei ständig wiederholter Durchbrechung des Schmierfilmes entstehen, sowie Gleitverschleiß infolge ungeeigneter Werkstoffpaarung, ungenügend geglätteter Zahnflanken oder unzureichende Schmierung. Während die zuletzt genannte Verschleißform sich im wesentlichen durch eine wirksamere Schmierung beheben läßt, wird zur Vermeidung der Pittings neben der Verwendung eines tragfähigeren Öles vor allem eine Erhöhung der Flankenfestigkeit empfohlen. Durch Übergang zu gehärteten Zahnrädern kann im Vergleich zu unbehandelten die Wälzfestigkeit der Flanken auf das Drei- bis Zehnfache gesteigert werden /8/.

Bild 5 gibt den in Versuchen ermittelten Zusammenhang zwischen der Brinellhärte HB und der Zahnflankendauerfestigkeit $k_{eD}$ an /4/. Zwar sind an anderer Stelle je nach Verfahren zur Erzielung der Zahnflankenhärte (Vergüten, Einsatz-, Flamm-, Nitrierhärten usw.) gewisse Streuungen festzustellen - auf deren Ursache hier nicht näher eingegangen werden soll -, der grundsätzliche Zusammenhang "hohe Härte = hoher Verschleißwiderstand" bleibt jedoch erhalten /8, 18/.

Erhebliche Abweichungen von diesem völlig problemlos scheinenden "Rezept", durch einfache Steigerung der Werkstoffhärte einen entsprechend höheren Widerstand gegen Verschleiß zu erzielen, zeigen die Ergebnisse, die Bugarcic /3/ und Krause /19/ bei Untersuchungen zur Klärung der bei technisch trockener Wälzreibung hervorgerufenen mechanisch-chemischen Vorgänge bei sehr unterschiedlichen Stählen gefunden haben, Bild 6.

Die Werkstoffe geringer Härte weisen in diesem Fall den niedrigsten Verschleiß auf. Bei Stählen mittlerer Härte ist dann eine erhebliche Zunahme des Verschleißes zu verzeichnen, der erst mit dem gehärteten Einsatzstahl wieder spürbar abnimmt. Besonders sei noch darauf hingewiesen, daß bei der vorliegenden

Beanspruchung durch Wälzreibung sowohl bei geringem ($p_D \leq$ 80 Pa) als auch bei hohem Wasserdampfpartialdruck ($p_D$ = 4000 Pa) als Maß für die Feuchtigkeit der Umgebungsluft der Verschleiß des Einsatzstahles in gehärteter Ausführung immer höher liegt als im geglühten Zustand.

Diese Ergebnisse wurden ebenfalls mit der eingangs erwähnten Wälzreibungsprüfmaschine gewonnen, die bei den Untersuchungen der neuentwickelten Rad- und Schienenstähle eingesetzt war, bei denen der deutliche, hier zu untersuchende Gefügeeinfluß zu erkennen war.

Eine erste Erklärung für diese widersprüchlichen Ergebnisse zum Einfluß der Härte auf die Höhe des Verschleißes könnte man in der vergleichsweise geringen Beanspruchungszeit von zwei Stunden - gerechnet vom Beginn des ersten Abriebes an - suchen.

In dieser Zeitspanne wird bei einem Prüfkörperdurchmesser $d_b$ = 50 mm und einer Drehzahl $n_b$ = 200 $min^{-1}$ ein Laufweg $l_w$ von ca. 3,8 km zurückgelegt; bei einem mittleren Schlupf $s_m$ = 0,5 % entspricht dies lediglich einem effektiven Gleitweg $l_g$ von etwa 19 m. Die in diesem Bereich möglichen, sehr unterschiedlichen Anfangsverläufe (degressiv, linear, progressiv u. a.) der Abhängigkeit des Verschleißes von der Beanspruchungsdauer könnten sich noch so stark bemerkbar machen, daß der tatsächliche Sachverhalt mit den bis dahin erhaltenen Ergebnissen nicht richtig wiedergegeben wird.
Eine weitere Erklärung wäre in dem Hinweis zu sehen, daß die in Bild 6 zusammengestellten Ergebnisse Arbeiten entnommen sind, bei denen mit der Wahl von Beanspruchung, Versuchszeit, Werkstoff usw. ganz andere Zielrichtungen verfolgt wurden, als den Zusammenhang von Werkstoffhärte und Verschleiß zu untersuchen.

Zur Überprüfung des bisher scheinbar festzustellenden Widerspruchs sind daher in Bild 7 Ergebnisse aus Untersuchungen zusammengestellt, die Krause /20/ zum Einfluß des Kohlenstoffgehaltes auf das Abnutzungsverhalten unlegierter Stähle durchgeführt hat, deren Ziel also unmittelbar die Klärung des Einflusses einer einzelnen Größe auf den Verschleiß dieses Wälzreibungssystems war.
Die Versuchsbedingungen stimmten dabei bis auf die höhere Normalkraft mit denen überein, die bei den in Bild 6 vorgestellten Untersuchungen gewählt worden waren. Mit einer Beanspruchungszeit von $T_B$ = 10 h wird ein Laufweg $l_w$ von annähernd 20 km bzw. ein Gleitweg $l_g$ von knapp 100 m erreicht. Somit darf man davon ausgehen, daß die oben genannten Bedenken gegen die Brauchbarkeit der zuerst vorgestellten Ergebnisse hinsichtlich der vorliegenden Fragestellung nicht mehr zum Tragen kommen dürften.

Bekanntlich steigt die Härte eines unlegierten Stahles in erster Linie mit zunehmendem Kohlenstoffgehalt an. Gleichermaßen müßte den zitierten Grundlagenbüchern zufolge der Verschleiß abnehmen. In Bild 7 ist dagegen eine stetige Zunahme

des Gesamtverschleißes mit steigendem Kohlenstoffgehalt bzw. mit steigender Härte zu verzeichnen.
Diese Ergebnisse bestätigen damit, daß bei den von Bugarcic und Krause mit einer Prüfmaschine durchgeführten Untersuchungen bei technisch trockener Wälzreibung der Verschleiß der Prüfkörper nicht stetig mit steigender Werkstoffhärte abnimmt. Vielmehr steigt der Verschleiß bei den untersuchten Stählen zunächst mit zunehmender Härte (bis $HV_{0,5}$ = 4000 N/mm$^2$) an, nimmt dann aber bei größerer Härte ($HV_{0,5}$ = 8000 N/mm$^2$) wieder ab.

Zunächst kann man sicherlich davon ausgehen, daß der Zusammenhang "hohe Härte = hoher Verschleißwiderstand" außer für die genannten Beispiele aus den Grundlagenbüchern auch noch in anderen Bereichen der Technik zutreffend ist. Dafür sprechen allein schon die immer weiter differenzierten und verfeinerten Verfahren zur Beschichtung von Bauteiloberflächen mit verschleißmindernden metallischen, keramischen und oxidkeramischen Hartstoffen, die neben den Wärmebehandlungs- und Diffusionsverfahren ständig an Bedeutung gewinnen.
Andererseits gelingt es der Technik bisher allem Anschein nach aber nicht, jedes Verschleißproblem durch Verwendung harter Werkstoffe wirtschaftlich vertretbar zu lösen, ob mit oder ohne gleichzeitigem Einsatz von Schmierstoffen. Ansonsten wären die volkswirtschaftlichen Verluste durch Verschleiß, die allein in der Bundesrepublik Deutschland mehr als zehn Milliarden DM pro Jahr ausmachen /21 ÷ 23/, zumindest nicht in dieser Höhe zu erklären.

An dieser Stelle muß man jedoch berücksichtigen, daß diese erste Aussage "hohe Härte = hoher Widerstand gegen Verschleiß" bisher nur auf der Durchsicht der zitierten maschinenbau- und werkstofftechnischen Grundlagenbücher unter dem Gesichtspunkt, in einfacher Weise mögliche Maßnahmen zur Verminderung von Verschleiß aufzufinden, beruht. Dieser Weg allein genügt aber offenbar nicht, denn die dazu widersprüchlichen Ergebnisse der aufgeführten Wälzreibungsuntersuchungen können so nicht erklärt werden.

Im zweiten Schritt sind daher anhand spezieller Fachliteratur zum Problemkreis Verschleiß weitergehende Informationen zur Abhängigkeit von Werkstoffhärte und Verschleiß zu Rate zu ziehen.

So wenig Raum dem Problemkreis Verschleiß trotz der großen volkswirtschaftlichen Bedeutung in den Grundlagenbüchern gewidmet ist, so umfangreich, aber auch unübersichtlich ist die Fachliteratur. Eine deutsche Dokumentationsstelle erfaßt im Bereich "Tribologie - Verschleiß, Reibung und Schmierung" inzwischen jährlich ca. 8.000 Veröffentlichungen /24/. Amerikanischen Schätzungen zufolge werden mehr als 15.000 Arbeiten pro Jahr in diesem Fachgebiet veröffentlicht /25/. Die überwiegende Mehrzahl beschäftigt sich mit Einzelproblemen und hat dementsprechend auch immer nur die jeweils relevanten Parameter betrachtet und eine dem System angepaßte Bezeichnungsweise entwickelt, was die Vergleichbarkeit verschiedener Verschleißuntersuchungen oftmals unmöglich macht.

In der nachfolgenden Zusammenstellung einiger charakteristischer Beispiele aus der Fachliteratur zum Zusammenhang zwischen Verschleiß und Härte soll daher mitangeführt werden, wie diese Ergebnisse gewonnen wurden.
H. Wahl /26, 27/ findet bei Untersuchungen zur Verschleißfestigkeit von Hartchromschichten je nach Untersuchungsart deutlich voneinander abweichende Ergebnisse. Die Prüfungen bei "Trocken-Gleit-Verschleiß" auf einer "Spindel-Maschine" und bei "Schmier-Gleit-Verschleiß" auf einer "Savin-Maschine" - in beiden Fällen rotiert eine belastete Prüfwelle stationär auf einer ebenen Platte, die in diesem Falle mit Chrom beschichtet ist - zeigen ein ausgeprägtes Minimum des Verschleißes bei einer Vickers-Härte der Chromschicht um 8000 $N/mm^2$. Die Abnahme des Verschleißes von niedrigen Härtewerten bis zu diesem Minimum ist unterschiedlich, die anschließende Zunahme des Verschleißes mit weiterer Erhöhung der Härte verläuft in beiden Fällen sehr steil. Bei Prüfung der Verschleißfestigkeit gegen Mineralien mit einer "Nieberding-Maschine" - eine in diesem Falle verchromte Kugel mit 18 mm Durchmesser wird gegen die mit Schleifpapier als Gegenwerkstoff Gw belegte Oberfläche einer rotierenden Scheibe gedrückt; zusätzlich erfährt die Kugel eine zur Scheibe radialgerichtete Querbewegung $l_R$ - ist innerhalb eines gewissen Streufeldes eine lineare Abnahme des Verschleißes mit steigender Härte der Chromschicht zu registrieren.

Ebenfalls mit der Nieberding-Maschine untersucht H. Wahl /28/ die Verschleißfestigkeit von Auftragsschweißungen. Anstelle der Kugel wird dabei die entsprechend präparierte Stirnfläche (50 $mm^2$) eines Versuchsbolzens mit 30 N Belastung gegen Flintpapier der Körnung 80 gedrückt. Der Gleitweg $l_g$ beträgt etwa 52 m, die mittlere Gleitgeschwindigkeit $v_g$ 0,182 m/s.
Hier ist eine hyperbolische Abnahme des Verschleißes mit steigender Härte festzustellen. H. Wahl bemerkt dazu, daß diese Ergebnisse in guter Übereinstimmung mit Betriebsuntersuchungen in den USA stehen, ohne deren Art jedoch zu präzisieren.

In Bild 8 sind schematisch die Ergebnisse der Untersuchungen von Kruschov und Babichev zur Frage des Widerstandes von metallischen und mineralischen Werkstoffen gegen Abrasiv-Verschleiß durch Mineralien bei gleitender Reibung dargestellt /29, 30/.
Wie der Prinzipskizze zu entnehmen ist, entspricht die Versuchseinrichtung der von H. Wahl benutzten Nieberding-Maschine. Zur Eliminierung möglicher Streuungen der Schleifpapierqualität prüft Khruschov jedoch gleichzeitig eine Zinn-Blei-Legierung als Bezugswerkstoff mit.
Der relative Verschleißwiderstand $\varepsilon$ ist dabei definiert als Quotient der Längenänderungen der zylindrischen Prüfkörper aus Vergleichsmaterial und zu prüfendem Werkstoff. Prinzipiell zum gleichen Ergebnis kommen Wellinger, Uetz und Gürleyik /31/ mit St 37 als Referenzwerkstoff bei einem Prüfkörperdurchmesser von d = 10 mm gegenüber 2 mm bei Khruschov. Die Härte des Schleifpapier-Minerals liegt dabei über der des zu prüfenden Werkstoffes. Andernfalls ist mit einer Veränderung in der Relation Verschleißwiderstand-Werkstoffhärte zu rechnen.

Richardson /32, 33/ und Moore /34/ erhalten bei gleichem Prüfprinzip ("pin on disk"-Maschine; Unterschiede nur in den Versuchsparametern) ebenfalls dieses Ergebnis für den Verschleiß von Metallen durch Mineralien, Burwell /35, 36/ und Rabinowicz /37/ auch für Werkstoffkombinationen Metall/Metall. Archard /38, 39/, Hirst /40/, Welsh /41, 42/, Selwood /43/ und Avary /44/ finden bei Untersuchungen mit verschiedenartigen Versuchseinrichtungen - z. B. zwei gekreuzte Zylinder berühren sich unter Last und Relativbewegung längs ihrer Mantelflächen oder ein feststehender Zylinder wird mit der Stirnfläche (auch kegel- oder halbkugelförmig ausgebildet) gegen eine rotierende Scheibe oder translatorisch bewegte Ebene gedrückt - bei gleitender Reibung gleicher oder verschiedener Metalle sowie Mineralien ebenfalls eine Abnahme des Verschleißes mit steigender Werkstoffhärte.
In jüngster Zeit gibt Horstmann /45/ ein weiteres Beispiel für die Richtigkeit der oben in Bild 1 angegebenen positiven Auswirkung steigender Härte auf die Flankendauerfestigkeit von Zahnrädern.

Damit hat das den Grundlagenbüchern entnommene "Rezept", durch Steigerung der Werkstoffhärte einen höheren Widerstand gegen Verschleiß zu erzielen, in der Fachliteratur eine vielfache Bestätigung gefunden. Andererseits lassen die anfangs geschilderten Untersuchungen von H. Wahl bereits erkennen, daß die einleitend vorgestellten, davon abweichenden Ergebnisse und ebenso die Wälzreibungsuntersuchungen von Bugarcic und Krause keine Einzelfälle darstellen.

Opitz und Mitarbeiter /46, 47/ ermitteln bei Versuchen zum Reibungs- und Verschleißverhalten von Werkzeugmaschinenführungen, daß die ertragbare Freßlast (erstes Auftreten von Freßverschleiß) bei Trockenlauf für den Vergütungsstahl C 45 und für den Einsatzstahl 16MnCr5 im gehärteten Zustand geringer ist als für nichtgehärtete Stähle, Bild 9a.
Werden die Gleitflächen dagegen kontinuierlich mit Öl geschmiert, sind keine deutlichen Unterschiede in den Verschleißbeträgen von z. B. Grauguß GG-25 und C 45 im geglühten bzw. gehärteten Zustand zu verzeichnen, Bild 9b.

Bild 10 zeigt den Gesamtverschleiß dreier verschiedener Gleitlagerwerkstoffe jeweils in Abhängigkeit von vier unterschiedlichen Wellenwerkstoffen als Ergebnis von Untersuchungen, die Katzenmeier /48/ mit einem Gleitlagerprüfstand im Übergangsbereich von der Vollschmierung zum Mischreibungsgebiet durchgeführt hat. Die spezifische Lagerbelastung p ist dabei in Stufen von 2 $N/mm^2$ bis maximal 13 $N/mm^2$ bei sonst konstanten Bedingungen erhöht worden. In zweifacher Hinsicht ist die Ausbildung eines Maximums in der Funktion Verschleiß/Werkstoffhärte zu erkennen.
Zum einen verschleißt grundsätzlich der Lagerwerkstoff mittlerer Härte (P 22; HV ca. 500 $N/mm^2$) unabhängig vom Wellenwerkstoff am meisten, zum anderen verursacht bei allen drei Lagerwerkstoffen die mit 13 % Cr-Stahl gespritzte Welle ("Cr"; HV = 3660 $N/mm^2$) den größten Verschleiß. Als maßgebende Bestimmungsgröße für den Gleitlager-Verschleiß gibt Katzenmeier

das Verhältnis der Werkstoffhärten von Welle und Lagerschale an. Danach nimmt der Lagerverschleiß mit zunehmendem Härteverhältnis ähnlich einer Hyperbelfunktion zunächst sehr steil ab und strebt dann asymptotisch einem unteren Grenzwert zu.

Zusammenfassend lassen sich aus diesen Beispielen folgende Erkenntnisse gewinnen:

1. Die in den maschinenbau- und werkstofftechnischen Grundlagenbüchern angegebene Empfehlung, Verschleiß durch Einsatz von Werkstoffen hoher Härte zu bekämpfen, ist nur für ein Teilgebiet zutreffend.
   Der Verschleiß kann mit steigender Werkstoffhärte sowohl ab- als auch zunehmen; darüber hinaus kann die Funktion Verschleiß/Werkstoffhärte ein Maximum, aber auch ein Minimum aufweisen. Werkstoffhärte ist also kein geeignetes Maß für "Verschleißfestigkeit".

2. Verschleißfestigkeit ist keine spezifische Werkstoffeigenschaft wie Zugfestigkeit oder Streckgrenze.
   Nur bei Betrachtung eines Reibungssystems in seiner Gesamtheit ist es sinnvoll, von Verschleißfestigkeit zu sprechen.

3. Maßnahmen zur Verschleißabwehr können nicht pauschal angegeben werden. Vor allem die Beanspruchungs- und Betriebsbedingungen eines Reibungssystems sowie die Wechselwirkungen der Bauteile bzw. Elemente untereinander bestimmen den Verschleiß eines einzelnen Bauteiles. Jeder "Verschleißfall" erfordert eine differenzierte Analyse des betreffenden Reibungssystems, bevor sinnvolle Maßnahmen zur Verschleißabwehr getroffen werden können, sei es in konstruktiver Hinsicht oder durch geeignete Werkstoffauswahl.

## 4. Systematische Analyse von Reibungs- und Verschleißvorgängen

Die bisherigen Untersuchungen und ebenso die Auswertung der Fachliteratur haben deutlich gezeigt, daß Reibung, Verschleiß bzw. Verschleißfestigkeit nur als Kennzeichen eines tribologischen Systems in seiner Gesamtheit, nicht aber als spezifische Werkstoffeigenschaften zu verstehen sind.
Diese Erkenntnis birgt zwangsläufig die Forderung in sich, bei Maßnahmen zur Verschleißabwehr oder Beeinflussung des Reibungsverhaltens immer das Gesamtsystem mit all seinen Eigenschaften und Wechselwirkungen und nicht allein das besonders interessierende Bauteil oder dessen Werkstoff zu betrachten.

Die Notwendigkeit einer systematischen Analyse von Reibungs- und Verschleißvorgängen ist jedoch keine grundlegend neue Erkenntnis der letzten Jahre, sie wird z. B. bereits im November 1953 in der Vornorm über Verschleiß, DIN 50320 /13/,

herausgestellt. Dort sind z. B. unter Punkt 2. "Analyse von Verschleißvorgängen" schon alle wesentlichen Elemente einer gesamtheitlichen Betrachtungsweise von Reibung und Verschleiß im Sinne eines heutigen tribologischen Systems enthalten. Im Jahre 1954 lautet eine Veröffentlichung von G. Salomon: "A Systematic Analysis of Wear Problems" (eine systematische Analyse von Verschleißproblemen /50/).
Dennoch muß man beim Studium der Fachliteratur dieser und der nachfolgenden Jahre feststellen, daß dieses Wissen um die systemabhängige Natur des Verschleißes nicht zum Allgemeingut wurde. So findet man vor allem in den englischsprachigen Veröffentlichungen häufig die Tendenz, Reibung und Verschleiß als Werkstoffeigenschaften darzustellen /z. B. 37, 51/.
Erst die Zusammenfassung der Sachgebiete Reibung, Verschleiß und Schmierung zu dem übergeordneten Fachbereich der Tribologie im Jahre 1966, die Gründung nationaler und internationaler Gesellschaften für Tribologie sowie deren Aktivitäten, Herausgabe spezifischer Zeitschriften, Durchführung von Fachkongressen etc. hat dann vergleichsweise schnell zu einer weltweiten Anerkennung und Verbreitung der Systembetrachtung bei tribologischen Problemen geführt. Das Vorwort des Herausgebers zum 12. Band der Zeitschrift "Wear" im Januar 1968 trägt die Überschrift "From wear research to tribology" (von der Verschleißforschung zur Tribologie) /52/. Dabei wird auf die Vielfältigkeit und die sich daraus ergebende Forderung nach einer gesamtheitlichen Betrachtung tribologischer Probleme hingewiesen.

## 4.1. Das Instrument "Systemanalyse"

Um Anwendung und Verbreitung der neueren, wissenschaftlichen Methoden der Systemanalyse bei der Bearbeitung von tribologischen Problemen, wie hier der Verschleißfragen, haben sich im Rahmen einer OECD-Forschungsgruppe, der "International Research Group on Wear of Engineering Materials" (IRG-OECD), in den letzten Jahren insbesondere G. Salomon und H. Czichos verdient gemacht /52 ÷ 60/. Darüber hinaus sind noch viele andere Fachleute aus den verschiedenen Disziplinen an der Weiterentwicklung und Aufbereitung der allgemeinen Systemanalyse für die speziellen Belange der Tribologie beteiligt gewesen /61 ÷ 69/ (in Deutschland vor allem im Rahmen des Fachnormenausschusses für Materialprüfung zur Neufassung der einschlägigen Normblätter), so daß diese Vorgehens- bzw. Bearbeitungsweise vom Prinzip her als allgemein anerkannt gelten darf.
(Die vorab zitierten Arbeiten bilden insgesamt die Ausgangsbasis für die nachfolgenden Ausführungen; weitere, detaillierte Literaturangaben sind nur noch in einzelnen Fällen möglich.)

Der ursprünglichen Definition folgend, wird die Systemanalyse zur Beschreibung komplexer Sachverhalte eingesetzt, und zwar besonders dann, wenn sich typische Eigenschaften durch Wechselwirkungen mehrerer Komponenten ergeben und das Verhalten des gesamten Systems nicht durch Superposition der Einzeleigenschaften der in dem System enthaltenen Elemente beschrieben werden kann /58/.

Wesentliche Fortschritte in neueren Bereichen der Technik und Wissenschaft wie der Regelungstechnik, Computertechnik oder der Kybernetik waren nur durch Benutzung des Hilfsmittels "Systemanalyse" möglich.
Für den Bereich der Tribologie ist sie ebenfalls bestens geeignet, da sich dort z. B. Reibungs- und Verschleißvorgänge auch durch die Wechselbeziehungen der beteiligten Partner oder Elemente ergeben, ohne daß Vorhersagen durch Superposition einzelner Eigenschaften möglich wären. Dazu sei hier nochmals auf die einleitende Untersuchung zum Zusammenhang zwischen Werkstoffhärte und Verschleiß hingewiesen.

Bei Anwendung des Hilfsmittels "Systemanalyse" besteht der erste Schritt in einer Eingrenzung der Problemstellung. Dazu kann man jedes noch so komplexe Gebilde oder System durch zweckentsprechende, frei wählbare "Grenzen" in beliebige Subsysteme unterteilen, die einzelnen Systeme gedanklich von der Umwelt lösen und so die Betrachtung auf das eigentliche, problembehaftete System reduzieren.
In mathematisch-abstrakter Definition ist ein System eine Menge von Elementen, verbunden durch Struktur und Funktion. Die wesentlichen Kennzeichen sind durch die Begriffe I. bis IV. gegeben, Bild 12.

I. Die Funktion eines Systems besteht in der Überführung der Eingangsgrößen {X} in die Ausgangsgrößen {Y} unter Verwendung der Struktur {S} des Systems.

II. Die Eingangsgrößen {X} wirken durch die "Strukturgrenze" von außen auf die Struktur des Systems.

III. Die Struktur {S} des Systems - aus der Umwelt gedanklich durch die "Strukturgrenze" herausgelöst - ist durch die Elemente {A}, die Eigenschaften {P} der Elemente und die Wechselwirkungen {R} zwischen den Elementen vorgegeben.

IV. Die Ausgangsgrößen {Y} sind die das System verlassenden Größen.

Bei Anwendung der allgemeinen Systemanalyse auf reale technische Systeme ist zu berücksichtigen, daß die Gesamtheit sowohl der Eingangsgrößen als auch der Ausgangsgrößen sich außer aus den beabsichtigten Größen auch immer noch aus unerwünschten Anteilen zusammensetzt, wie im unteren Teil des Bildes 12 durch eine "beabsichtigte" und eine "unerwünschte" Funktionsrichtung angedeutet. Verluste - dies sei in diesem Zusammenhang betont - werden üblicherweise vor allem durch die technischen Beanspruchungsparameter selbst, weniger durch die unerwünschten Störgrößen hervorgerufen.

Eine Betrachtung der Verlustgrößen in Verbindung mit der Struktur trägt zur Verdeutlichung der Unterschiede zwischen den Eigenschaften eines tribologischen und anderer technischer Systeme bei /60/:

Bei einem elektrischen System, z. B. einem Transformator, treten Energieverluste durch elektromagnetische Widerstände auf, die Struktur des elektrischen Systems bleibt jedoch zeitlich im allgemeinen unverändert.
Bei einem tribologischen System treten ebenfalls Energieverluste, z. B. durch Bewegungswiderstände als Folge von Reibungskräften auf; der entscheidende Unterschied gegenüber dem elektrischen System besteht aber darin, daß durch Reibung und damit verbundenem Verschleiß Änderungen der Struktur des betreffenden tribologischen Systems hervorgerufen werden (können).

Durch die während der gesamten Einsatzzeit (im allgemeinen) konstante Struktur eines elektrischen oder vergleichbaren technischen Systems ist es möglich, in Form einer funktionellen Beschreibung die Eingangsgrößen über bestimmte mathematische Beziehungen mit den Ausgangsgrößen des Systems zu verknüpfen. Solche mathematischen Beziehungen zwischen Eingangs- und Ausgangsgrößen stehen für tribologische Systeme wegen der während des Betriebs veränderlichen Struktur praktisch nicht zur Verfügung. Darin ist eine der wesentlichen Schwierigkeiten bei der Behandlung tribologischer Probleme zu sehen. Daher muß die Systembeschreibung tribologischer Aggregate sich ganz wesentlich mit der Analyse der Struktur des Systems, deren Stabilität bzw. Veränderung unter der Einwirkung der äußeren Beanspruchungsparameter beschäftigen.

Bei der Beschreibung eines Systems durch die Begriffe "Struktur" und "Funktion" müssen zwei wesentliche Unterschiede beachtet werden:

- Die Strukturbeschreibung ist eine "interne" Beschreibung, d. h. ein Versuch, das Verhalten des Systems aus Elementen, ihren Eigenschaften und ihren gegenseitigen Wechselwirkungen zu verstehen.

- Die Funktionsbeschreibung ist dagegen eine "externe" Beschreibung, da sie das Verhalten des Systems in seinem Zusammenwirken mit der Außenwelt kennzeichnet /58/.

## 4.2. Anwendung der Systemanalyse auf Verschleißvorgänge

Die systematische Analyse z. B. eines Verschleißvorganges ist als Spezialfall der allgemeinen Analyse tribologischer Systeme bei prinzipiell gleicher Vorgehensweise zu sehen. Der Zielrichtung entsprechend steht bei den Ausgangsgrößen $\{Y\}$ der Verschleiß als bedeutendste Erscheinungsform der Verluste im Vordergrund, nicht die von der Funktion her beabsichtigte Nutzgröße. Von den Eingangsgrößen $\{X\}$ wird zunächst allein das technisch vorgesehene Beanspruchungskollektiv näher untersucht, da dieses, wie bereits erwähnt, den Verschleiß hauptsächlich verursacht. Bei Bedarf sind die Störgrößen in gleicher Weise zu erfassen.

In Analogie zur obigen Kennzeichnung des mathematisch-abstrakt formulierten Systems hat demnach die Systemanalyse eines Verschleißvorganges in folgenden Schritten vor sich zu gehen:

I. Kennzeichnung der technischen Funktion

II. Angabe des Beanspruchungskollektives

III. Kennzeichnung der Struktur des tribologischen Systems

IV. Bestimmung des Verschleißes

Da Verschleiß immer in Form eines dynamischen, zeitabhängigen Vorganges abläuft, bei dem sich die Struktur des betreffenden tribologischen Systems während der Beanspruchung ändern kann, ist die nach den Punkten I. bis IV. vorzunehmende Systemanalyse zusätzlich zu gliedern in:

A. Ausgangszustand des Systems zum Zeitpunkt $t_o$
B. Ablauf des Verschleißvorganges
C. Endzustand des Systems zum Zeitpunkt $t_E$

Die Analyse eines tribologischen Systems zu einem bestimmten Zeitpunkt $t_i$ kann also immer nur den augenblicklichen Istzustand wiedergeben, erst mehrere "Bestandsaufnahmen" zu den verschiedenen Zeitpunkten A. bis C. ergeben ein vollständiges Bild. Auf die Schwierigkeiten bei der Erfassung der verschiedenen Zustände, vor allem des Verschleißablaufes während des Betriebes soll an dieser Stelle nicht näher eingegangen werden.

Die schematische Übersicht in Bild 13 soll die prinzipielle Vorgehensweise bei der systematischen Analyse von Verschleißvorgängen verdeutlichen.
Zunächst lassen die skizzierten Originalsysteme erkennen, daß tribologische Systeme sehr unterschiedliche technische Funktionen zu erfüllen haben. Als einige wesentliche Funktionsbereiche sind zu nennen /70/: Bewegungsausübung (Gelenke, Lagerungen), Bewegungshemmung (Bremsen), Energieübertragung (Getriebe, Kupplungen), Informationsübertragung (Steuergetriebe, elektrische Kontakte), Materialtransport (Förderband, Pipeline), Materialbearbeitung (Drehmeißel/Werkstück), Materialumformung (Ziehstein/Draht).

Aufgrund dieser Vielfalt sollte man die "Strukturgrenze", mit der die am eigentlichen Verschleißvorgang unmittelbar beteiligten "Elemente" gedanklich aus der "Umwelt" herausgelöst werden, so eng und so eindeutig wie möglich legen.
Geometrie, Beanspruchung, Bewegungsablauf usw. der relevanten Elemente lassen sich dann im allgemeinen auf ein vereinfachtes Ersatzsystem reduzieren, wodurch die systematische Analyse wesentlich erleichtert wird. Vielfach dienen solche Ersatzsysteme auch als Prüfanordnung.

Bei weiterer Abstraktion läßt sich jedes tribologische System durch eine einzige elementare Struktur darstellen, die aus maximal vier Grundelementen besteht.
Bei der weiteren systematischen Analyse beziehen sich alle Betrachtungen und Überlegungen fast ausschließlich auf diese Grundelemente. Im unteren Teil des Bildes 13 sind für das Beanspruchungskollektiv, die Struktur des tribologischen Systems und für den Verschleiß die wichtigsten Kennzeichen und Einflußgrößen jeweils in mehreren Untergruppen zusammengestellt.

## 4.3. Reibung

Reibung ist die weitaus wichtigste Einflußgröße aller tribologischen Systeme. Einerseits ist sie eine der häufigsten Ursachen für Verschleiß, andererseits muß nicht zwangsweise mit der Einwirkung von Reibung auch Verschleiß entstehen.
Die elementaren Grundvorgänge sind vielfach identisch, jedoch tritt beim Verschleiß zu dem Widerstand gegen Bewegung als Folge der Reibung eine unerwünschte Veränderung der Oberfläche hinzu, z. B. durch Ablösen kleiner Teilchen.

Die Bearbeitung von Verschleißvorgängen beinhaltet daher im ersten Schritt immer eine genaue Betrachtung der vorliegenden Reibungsverhältnisse durch sorgfältige Analyse von Beanspruchungskollektiv und Struktur des tribologischen Systems. Erst im zweiten Schritt werden dann die Verschleißmechanismen und die für den Verschleiß charakteristischen Erscheinungsformen sowie dessen Betrag festgestellt.

Reibung wird in technischen Systemen meist nur unter zwei völlig entgegengesetzten Gesichtspunkten betrachtet, in einem Fall ist sie erwünscht, im anderen absolut unerwünscht. Dient z. B. ein Reibungssystem der formschlüssigen Führung oder räumlichen Lagefixierung sich bewegender Maschinenelemente (Lager, Gleitbahn), sind Reibungskräfte unerwünscht, sie verursachen Leistungsverluste und Verschleiß. Daher werden sie möglichst klein gehalten, vielfach durch Schmierung. Im anderen Falle dient die Reibung zur Übertragung von Kräften (Bremsen, Kupplungen, Antriebsräder). Im Interesse eines möglichst hohen Wirkungsgrades sollen hier die Reibungskräfte möglichst groß sein, was man durch geeignete Werkstoffkombinationen (Bremsbeläge) oder Zwischenstoffe und Vermeidung jeglicher Schmierung zu erreichen sucht.

## 4.4. Verschleiß

Die Untersuchung von Verschleißmechanismen verlangt eine intensive Analyse der im mikroskopischen Bereich ablaufenden Vorgänge der sich unter Relativbewegung berührenden Oberflächenbereiche. Die Größenordnung der dabei auftretenden Reibungskräfte und damit auch die des Verschleißes selbst hängt in starkem Maße von der Stoffpaarung innerhalb des tribologischen Systems ab und inwieweit durch

Umgebungsbedingungen oder die Reibungsbedingungen selbst mechanische, mikrogeometrische, metallurgische sowie physikalisch-chemische Eigenschaftsänderungen des Grenzschichtbereiches den Reibungs- und Verschleißablauf beeinflussen /71/.
Daher sind die vier Elemente, aus denen die Grundstruktur eines jeden tribologischen Systems gebildet werden kann, unter den aufgezählten Gesichtspunkten näher zu untersuchen.

Mit Grundkörper wird immer das Element bezeichnet, das im Vordergrund des Interesses der Reibungs- oder Verschleißbetrachtungen steht. Im allgemeinen handelt es sich dabei um einen Festkörper.

Der Gegenstoff kann in allen drei verschiedenen Aggregatzuständen vorliegen.

Der Zwischenstoff befindet sich zwischen Grundkörper und Gegenstoff; er kann in festem, flüssigem oder gasförmigem Zustand, erwünscht (Schmierstoff) oder ungewollt (Verschleißpartikel, Verschmutzung) vorhanden sein.

Das Umgebungsmedium - meist in gasförmigem Zustand (Luft, technische Gase), aber auch in Form einer Flüssigkeit, seltener als Feststoff - wirkt von außen auf Grundkörper, Gegen- und Zwischenstoff ein. Vielfach kommt es zu physikalisch-chemischen Reaktionen mit bzw. an den Oberflächen der übrigen Elemente.

Ein tribologisches System besteht nicht zwangsweise immer aus allen vier Elementen; das einfachste wird nur von Grundkörper und Gegenstoff gebildet (Festkörperreibung im Vakuum); bei technisch-trockener Reibung kommt im allgemeinen das Umgebungsmedium als drittes Element hinzu. Häufigster Zwischenstoff bei Systemen, die aus allen vier Grundelementen gebildet werden, sind bewußt eingebrachte Schmiermittel einerseits, andererseits unerwünscht auftretende Verschleißpartikel.

Die Grenzschichteigenschaften von Festkörpern sowie deren Veränderungen bei tribologischer Beanspruchung stehen im Mittelpunkt der nachfolgenden Betrachtungen, da deren Kenntnis als notwendige Voraussetzung zur Untersuchung des Gefügeeinflusses auf das Reibungs- und Verschleißverhalten der Vergütungsstähle anzusehen ist.

### 4.4.1. Realer Aufbau technischer Körper

Die äußeren Abmessungen eines jeden technischen Körpers weichen alle in einem bestimmten Maße von der ideal-geometrischen, vom Konstrukteur vorgesehenen Gestalt ab. So gibt es keine absolut "glatte" Oberfläche, auch nicht bei noch so feiner Bearbeitung. Da die Festkörperoberflächen entscheidenden Einfluß auf Reibungs- und Verschleißvorgänge haben, sind nachfolgend die im Normblatt DIN 4760 /72/

zusammengestellten, möglichen Gestaltsabweichungen technischer Oberflächen aufgeführt:

1. Ordnung: Formabweichungen - Unebenheit, Unrundheit;
2. Ordnung: Welligkeit - Wellen;
3. Ordnung: Rauheit - Rillen;
4. Ordnung: Rauheit - Riefen, Schuppen, Kuppen;
5. Ordnung: Rauheit - Gefügestruktur;
6. Ordnung: nicht darstellbar - Gitteraufbau des Werkstoffes;

Die Istoberfläche entspricht in der Regel einer Überlagerung der Gestaltsabweichungen 1. bis 4. Ordnung. Bei der praktischen Untersuchung von Verschleißmechanismen ist vor allem die Erfassung der Rauheit ein wichtiges und häufig angewandtes Hilfsmittel. Sie liefert Aussagen zur Veränderung der Oberflächenmikrogeometrie infolge tribologischer Beanspruchung.
In den Normblättern DIN 4762 /73/ und DIN 4768 /74/ sind die Begriffe und Maße zur Erfassung der Rauheit vorgegeben.

Außer in den mikrogeometrischen Gestaltsabweichungen unterscheidet sich ein technischer von einem idealen Körper auch in dem realen Grenzschichtaufbau, wie in Bild 14 für metallische Körper dargestellt. Unter Grenzschicht wird hier immer die Oberfläche eines Körpers mit den unmittelbar nachfolgenden Werkstoffschichten verstanden.

Man unterscheidet im wesentlichen drei Bereiche:

1. Die äußere (artfremde) Grenzschicht baut sich auf der z. B. im Fertigungsprozeß neu entstandenen Oberfläche auf; sie besteht zunächst aus einer Adsorptionsschicht, gefolgt von der Oxid- oder Reaktionsschicht.

2. Die innere (arteigene) Grenzschicht kann man als Störungsfeld im Übergang zum unbeeinflußten Grundgefüge bezeichnen; aufgrund plastischer Verformungen durch den Herstellungsprozeß und/oder tribologischer Beanspruchung treten Inhomogenitäten in den mechanischen (Festigkeit, Eigenspannung, Textur) und chemischen (Werkstoffzusammensetzung) Eigenschaften auf.

3. Das ungestörte Grundgefüge weist die nominellen mechanischen und chemischen Eigenschaften des Werkstoffes auf.

Bei jedem technischen Körper sollte man also sorgfältig zwischen Volumeneigenschaften und Grenzschichteigenschaften unterscheiden, da diese trotz ursprünglich gleichen Werkstoffes erheblich voneinander abweichen können. Sind die Volumeneigenschaften maßgebend für die Gestaltfestigkeit eines Bauteiles, entscheiden die Grenzschichteigenschaften im wesentlichen über das Reibungs- und Verschleißverhalten innerhalb eines tribologischen Systems.

Anhand der in Bild 14 mitangegebenen Tiefenwirkung verschiedener Verschleißmechanismen ist nun auch gut zu erkennen, warum der einleitend diskutierte Zusammenhang

hohe Werkstoffhärte = hoher Verschleißwiderstand

nur begrenzt Gültigkeit hat: Die nominellen mechanischen Eigenschaften des Grundwerkstoffes wirken sich nur bei einigen Verschleißmechanismen hinreichend stark aus.

4.4.2. Kontaktverhältnisse bei technischen Oberflächen

Kommen in einem tribologischen System die Oberflächen zweier Festkörper in Berührung, muß man bei der Untersuchung der im mikroskopischen Bereich ablaufenden Vorgänge sowohl die wahre Oberflächenfeingestalt als auch die speziellen Eigenschaften der Grenzschichten berücksichtigen.
Betrachtet man im ersten Schritt die Kontaktverhältnisse allein bei äußerer Normalkraftbeanspruchung der Festkörper, beginnt die Berührung zunächst an den höchsten Rauheitserhebungen. Diese verformen sich anfangs elastisch und dann auch plastisch, bis die tatsächliche Berührungsfläche $A_o$ so groß ist, daß dort die herrschende Druckspannung dem mittleren Fließdruck $p_m$ des "örtlich" weicheren Werkstoffes (darunter ist entsprechend den vorhergehenden Ausführungen nicht der weichere Grundwerkstoff zu verstehen, sondern der davon abweichende "tatsächliche" Werkstoff der Grenzschichten, z. B. eine Oxidschicht mit nachfolgend plastisch verformten, oftmals verfestigten Werkstoffbereichen) entspricht und sich so ein Gleichgewicht zwischen aufgebrachter Normalkraft und der durch die Verformung hervorgerufenen Reaktionskraft des Festkörpers eingestellt hat /71/:

$$F_N = A_o \, p_m$$

Die tatsächliche Berührungsfläche $A_o$ ist immer erheblich kleiner als die scheinbare, aus den geometrischen Abmessungen berechnete, wie in Bild 15 angedeutet /77/.

Durch Messungen des Kontaktwiderstandes zwischen zwei Stahlplatten sowie Berechnung aus dem mittleren Fließdruck bei Abnahme bestimmter Kontaktgeometrie versuchen Bowden und Tabor /78/, die wahre Größe der Berührungsfläche in Abhängigkeit der aufgebrachten Normalkraft zu bestimmen. Bei einer Normalkraft von 5000 N beträgt demnach die wahre Berührungsfläche $A_o$ etwa 0,25 % der scheinbaren Berührungsfläche A (A = 21 $cm^2$), bei einer Normalkraft von 50 N nur noch 0,0025 %.

Im mikroskopischen Bereich liegen die einzelnen Kontaktflächen nicht bzw. nur selten parallel zur äußeren, makroskopischen Festkörperoberfläche, sie sind je nach Geometrie der Rauheitserhebungen und den zufälligen, momentanen Berührungsverhältnissen unter einem bestimmten Winkel dazu geneigt. Die zwischen den sich berührenden Rauheitsflanken wirkenden Druckkräfte kann man in Normalkomponenten und Tangentialkomponenten (auf die äußere Kraftrichtung bezogen) zerlegen. Die Summe der Normalkomponenten bildet die genannte Reaktionskraft, die der äußeren Normalkraft das Gleichgewicht hält.

Betrachtet man nun im zweiten Schritt die zusätzliche Wirkung einer äußeren Tangentialkraft, erhöhen sich zunächst die Druckkräfte in den Mikrokontaktflächen (die sich selbst auch etwas vergrößern können). Die resultierenden Tangentialkraftkomponenten wirken der äußeren Tangentialkraft entgegen, sie bilden die Reibungskraft, den Widerstand gegen Bewegung. Solange die Summe dieser (mikroskopischen) Tangentialkraftkomponenten der äußeren Tangentialkraft das Gleichgewicht halten kann, tritt keine (makroskopische) Bewegung ein, es handelt sich dann um den Fall der Ruhereibung.
Ist aber die äußere Tangentialkraft größer, wird in den Mikrokontaktflächen die Druckfestigkeit des "lokalen" Werkstoffes mindestens eines Festkörpers überschritten und so eine makroskopische Relativbewegung ermöglicht, Bild 16. "Homogene, isotrope Teilchen 'fließen' ähnlich wie eine scherende Flüssigkeit, harte Kristallkörner werden ausgebrochen, verdreht und verschoben" /79/.
An dieser Darstellung ist zu erkennen, daß Reibungs- und Verschleißvorgänge den gleichen Grundmechanismen gehorchen; das Auftreten von Verschleißteilchen bei Reibungsbeanspruchung ist "lediglich" von der Höhe der Beanspruchungsparameter und den "lokalen" Werkstoffeigenschaften der Festkörper abhängig.

#### 4.4.3. Hauptsächliche Verschleißmechanismen

Neben den genannten Vorstellungen von den im mikroskopischen Bereich ablaufenden Vorgängen bei Kontakt zweier Festkörper (in Anlehnung an Drescher /79/) sind noch eine Reihe weiterer Modelle bekannt. Auf eine nähere Beschreibung an dieser Stelle kann jedoch verzichtet werden.
Die wesentlichen, in den vergangenen vierzig Jahren entwickelten Vorstellungen von den Grundmechanismen des Verschleißes bei Kontakt und Relativbewegung zweier Festkörper hat Pursche zusammengestellt /80/. Die dort gegebenen Kurzbeschreibungen und schematischen Darstellungen vermitteln ein hinreichendes Bild, so daß nachfolgend nur noch auf die heute als besonders wichtig erachteten Grundmechanismen näher eingegangen wird.

Bei der Untersuchung praktischer Verschleißfälle ist zu beachten, daß diese Grundmechanismen selten in "reiner" Form auftreten. In einem tribologischen System wirken meist zwei oder mehrere Mechanismen gleichzeitig mit unterschiedlichen Anteilen. Diese Anteile können sich während der Beanspruchungsdauer verändern, bei Variation der Beanspruchungsparameter muß außerdem mit einer prinzipiellen Änderung der wirkenden Verschleißmechanismen gerechnet werden. Darin liegt eine Ursache für die Schwierigkeiten bei der Erfassung und Bearbeitung von Verschleißproblemen.

##### 4.4.3.1. Adhäsiver Verschleiß /57/

"Der Mechanismus des Adhäsionsverschleißes besteht darin, daß bei der Verschleißbeanspruchung infolge der hohen lokalen Pressungen an einzelnen Oberflächenrauheitshügeln schützende Oxidschichten durchbrochen werden und lokale Mikrokaltverschweißungen entstehen /77, 78/.

Diese "Kaltschweißstellen" können eine höhere Festigkeit besitzen als die eigentlichen Reibpartner. Daher kann Trennung oder Verschiebung der Verschleißpartner nicht nur in der ursprünglichen Grenzfläche, sondern auch im Volumen eines Partners erfolgen. Die Trenn- oder Reibflächen weisen dann teilweise Erscheinungsbilder auf, wie sie in ähnlicher Form auch bei anderen Bruchvorgängen beobachtet werden.

Zu fragen ist nun, wovon diese Adhäsion bzw. wovon die Neigung zum Kaltverschweißen abhängt.
Betrachtet man die Adhäsion als Stufenprozeß, so sind offenbar die folgenden Teilvorgänge von Bedeutung:

a) Die elastisch-plastische Kontaktdeformation, d. h. der Einfluß des Formänderungsvermögens der Kontaktspitzen auf die Größe der wahren Kontaktfläche. Es kann angenommen werden, daß die Mikrokontaktflächen von hexagonalen Metallen wegen ihrer begrenzten Anzahl von nur 3 Hauptgleitsystemen nicht so leicht unter einer Verschleißbeanspruchung zunehmen können wie die der kubisch-flächenzentrierten Metalle, die 12 Gleitsysteme besitzen.

b) Das Durchbrechen schützender Oxidschichten.
Neueste systematische Untersuchungen der verschiedensten Metallpaarungen im Ultrahochvakuum, also unter weitgehender Ausschaltung schützender Oxidschichten ergaben, daß bei sämtlichen untersuchten Metallkombinationen eine Adhäsionsbrückenbildung auftrat /81/. Nach diesen Ergebnissen muß angenommen werden, daß offenbar die meisten Kombinationen reiner Metalle bei Entfernung schützender Oxidschichten zum Kaltverschweißen neigen.

c) Die Ausbildung der eigentlichen metallischen Adhäsionsbindung, die metallphysikalisch mit der Elektronendichte im Kontaktgrenzflächenbereich zusammenhängt.
Metalle mit hoher Dichte beweglicher Elektronen, wie die Edelmetalle, sollten eher zur metallischen Adhäsion neigen als Metalle geringer Dichte freier Elektronen, wie die Übergangsmetalle. Weiterhin sollten bei ungleichen Metallpaarungen nach einer neuen Hypothese dann kräftige Adhäsionsbindungen auftreten, wenn der eine Partner als "Elektronen-Donator" und der andere als "Elektronen-Akzeptor" dienen kann" /82/.

#### 4.4.3.2. Abrasiver Verschleiß /64/

"Mit abrasivem Verschleiß werden alle Trennvorgänge im Bereich der inneren Grenzschicht eines Reibungspartners bezeichnet, bei denen die härtere Oberflächenfeingestalt in den weicheren Körper eindringt und im Verlauf der Gleitbewegung lose Verschleißpartikel entstehen. Auf abrasiven Verschleißwirkungen beruhen alle Trennprozesse der Zerspanungstechnik, wobei die Fertigungsverfahren des Schleifens (Paarung: Metall/Mineral) zu reinem Furchungs-Verschleiß führen, während bei Zerspanungsvorgängen der Paarung Metall/Metall eine Kombination von abrasivem Verschleiß an der Freifläche und adhäsivem Verschleiß an der Spanfläche vorliegt. Somit können abrasive Verschleißvorgänge, die im Bereich der inneren Grenzschicht erfolgen, als "Mikrozerspanungsprozesse" bezeichnet werden, die in reiner Form allein bei der Paarung Metall/Mineral auftreten. Im Unterschied zu den komplexen Entstehungsursachen von adhäsivem Verschleiß läßt sich der abrasive Verschleißwiderstand metallischer Werkstoffe im Falle eines homogenen Werkstoffaufbaues eindeutig der Härte zuordnen. Nach M. M. Khrushchov /29, 30/ besteht zwischen dem abrasiven Verschleißwiderstand (1/Verschleißvolumen V) und der Härte H technisch reiner Metalle eine lineare Beziehung, $1/V = C \cdot H$, worin C eine Konstante bedeutet.

Eine durch Kaltverfestigung erzielte Härtesteigerung bedingt keine Steigerung des Verschleißwiderstandes, da mit dem Verschleißvorgang eine Kaltverfestigung im Bereich der inneren Grenzschicht ohnehin einhergeht.
Die Erzeugung eines ausreichenden abrasiven Verschleißwiderstandes gegenüber mineralischen Stoffen und anderen metallischen und nichtmetallischen Festkörpern kann

a) durch verbesserte Grundwerkstoffeigenschaften (z. B. Vergüten, Härten)

b) durch eine gezielte Veränderung der Grundwerkstoffeigenschaften im Grenzschichtbereich (z. B. thermische Diffusionsverfahren, Oberflächenhärten)

c) durch Auftragen von Schichten (z. B. Auftragschweißen, Abscheidung galvanischer Überzüge, chemischer Überzüge, Abscheidung von Überzügen aus der Gasphase, Sintern, Aufgießen, Ausschleudern usw.)

erreicht werden. Durch die unter b) und c) genannten Maßnahmen übernimmt der Grundwerkstoff die Festigkeits- und Steifigkeitsfunktion, während die veränderte oder aufgetragene innere Grenzschicht die Oberflächenfunktion gegenüber Verschleiß übernimmt. Zur Erfüllung dieser Funktionsteilung müssen sowohl die mechanischen als auch die thermischen Eigenschaften von Grundwerkstoff und Überzug aufeinander abgestimmt sein. Im Falle eines zu großen Härteunterschiedes zwischen Überzug und Grundwerkstoff besteht die Gefahr des Einbrechens der Schicht, während durch unterschiedliche Wärmeausdehnungskoeffizienten zwischen Oberflächenschicht und Grundwerkstoff oder durch ungünstige Wärmeableitung Oberflächenrisse entstehen können."

Bei inhomogenem Werkstoffaufbau ergibt die Makrohärte keine eindeutige Zuordnung zum abrasiven Verschleißwiderstand, wie auch die einleitend behandelten Beispiele zu diesem Problemkreis gezeigt haben (s. Punkt 3.).

4.4.3.3. Schichtverschleiß /76/

"Auf Schichtverschleißvorgängen beruhen wohl die zahlenmäßig häufigsten Verschleißschäden. Während adhäsiver Verschleiß zum plötzlichen Ausfall reibungsbeanspruchter Maschinenelemente führt (z. B. in Form von Kolben- und Lager"fresser"), bleibt die Funktionsfähigkeit des Reibungssystems bei Schichtverschleiß grundsätzlich erhalten. Die langsam fortschreitende Veränderung der Reibpartnergeometrie bewirkt jedoch z. B. eine allmähliche Abnahme des Wirkungsgrades von Verbrennungsmotoren, Pumpen, Getrieben usw. So wird durch einen Abtrag in der Größenordnung von 0,01 bis 0,1 µm/h an den Kolbenringen eines Pkw-Motors dessen durchschnittliche Lebensdauer auf 2000 bis 3000 Stunden, entsprechend einer Fahrstrecke von ca. 100 000 km begrenzt.

Beim Schichtverschleiß laufen die Verschleißvorgänge in der äußeren, artfremden Grenzschicht der metallischen Reibpartner ab.
Als Voraussetzung für die Aufrechterhaltung des Schichtverschleißprozesses sind folgende Einflußfaktoren zu berücksichtigen:

1. Bildungsmöglichkeiten der Schichten. Hierzu ist eine hinreichende chemische Aktivität bzw. Aktivierbarkeit der am Reibprozeß beteiligten Partner notwendig, z. B. ausreichendes Sauerstoffangebot bei der trockenen Gleitreibung zur Bildung und Nachbildung verschleißmindernder Oxidschichten. So führt G. Heinke /83/ die günstigen Verschleißeigenschaften von Hartchrom in erster Linie auf die Chromoxidschicht in Verbindung mit der hohen Härte der Chromunterlage zurück.

2. Die Beanspruchung und die sich daraus ableitende Temperatur und Reibleistungsdichte muß innerhalb bestimmter Grenzen liegen. So darf die örtliche mechanische Beanspruchung nicht zum Durchbrechen der artfremden, äußeren Grenzschichten und zur Annäherung der arteigenen, inneren Grenzschichten führen, wenn adhäsiver Verschleiß verhindert werden soll."

4.4.3.4. Korrosionsverschleiß /76/

"Korrosionsverschleiß ist auf eine Kombination von mechanischer und chemischer Beanspruchung zurückzuführen. Während beim adhäsiven und abrasiven Verschleiß der Schädigungsmechanismus zunächst aus der alleinigen Betrachtung der Wechselwirkung zwischen den Reibpartnern zu erklären ist, muß beim korrosiven Verschleiß das Zwischenmedium in seiner chemischen Wirksamkeit berücksichtigt werden.

Grundsätzlich läßt sich bezüglich der korrosiven Einflußkomponente die folgende Unterscheidung vornehmen:

1. Die chemische Aktivität des Zwischenmediums und der Reibpartner wird durch mechanische Anregung ausgelöst. Ein Beispiel hierfür ist die Bildung oxidischer Verschleißprodukte bei der trockenen Gleitreibung metallischer Werkstoffe unter Normalatmosphäre (Reibkorrosion). Die infolge der mechanischen Beanspruchung (Belastung, Gleitgeschwindigkeit) in den örtlichen Berührstellen herrschenden Temperaturen führen zu verstärkten chemischen Umsetzungen z. B. zwischen dem Sauerstoff der Umgebungsatmosphäre

und dem Werkstoff. Ein weiteres Beispiel ist in der Wirkung der Hochdrucksätze im Schmiermittel zu sehen.

2. Das Zwischenmedium wirkt auch ohne mechanische Anregung korridierend. Das Zusammenwirken von mechanischer und chemischer Komponente führt jedoch infolge der gegenseitigen Beeinflussung zu einer wesentlichen Verstärkung der Schädigung.

Die Übergänge zwischen 1. und 2. sind fließend. Es erscheint somit sinnvoll, in beiden Fällen von Korrosionsverschleiß zu sprechen. Andererseits kann nicht jeder Verschleißmechanismus, der von chemischen Umsetzungen zwischen Werkstoff und Zwischenmedium begleitet wird, dem Korrosionsverschleiß zugeordnet werden, dessen mechanischer Angriff adhäsiver oder abrasiver Natur sein kann.

Gegenüber dem zuvor beschriebenen Korrosionsverschleiß ist eine klare Abgrenzung des Schichtverschleißmechanismus problematisch, der Übergang ist fließend, und bei beiden Mechanismen spielen chemische Umsetzungen zwischen Reibpartnerwerkstoff und Zwischenmedium eine wesentliche Rolle. In grober Vereinfachung kann jedoch gesagt werden: Im Falle des Schichtverschleißes bewirkt die chemische Reaktion die Bildung einer verschleißmindernden Deckschicht, z. B. aus Oxiden oder metallorganischen Verbindungen. Hierzu ist eine ausreichende Reaktionsgeschwindigkeit erforderlich. Beim korrosiven Verschleiß wird durch die mechanische Verletzung korrosionshemmender Deckschichten der Grundwerkstoff örtlich freigelegt und dem chemischen Angriff ausgesetzt."

4.4.3.5. Zerrüttungsverschleiß /64, 71/

"Mit Zerrüttungs- oder Ermüdungsverschleiß wird die Rißentstehung sowie das Lostrennen von Stoffteilchen aus der inneren Grenzschicht bezeichnet, die entweder auf wechselnde Oberflächentemperaturen oder auf schwellende Druck-Schubbeanspruchungen der Grenzflächenbereiche zurückzuführen sind. Während thermisch verursachte Ermüdungsrisse meist an einem ungerichteten Rißnetzwerk identifiziert werden können, liegt im Falle der durch wechselnde Druck-Schubbeanspruchungen ausgelösten Risse eine eindeutige Rißrichtung senkrecht zur Gleitbewegungsrichtung vor. Von großer praktischer Bedeutung sind die "Ermüdungserscheinungen" in Wälzkörpern, wobei je nach der Höhe des Gleitanteiles die "Ermüdungsrisse" sowohl unter der Oberfläche (Wälzlager) als auch auf der Oberfläche (z. B. Zahnradpaarung) ihren Ausgang nehmen können. Bei der Berechnung der Oberflächenbeanspruchung an ebenen oder gekrümmten Flächen mit und ohne Gleitschlupf muß unterschieden werden zwischen zweidimensionalen (idealgeometrischen) und dreidimensionalen (realen) Oberflächen. Gesicherte Berechnungsverfahren existieren bisher nur unter der Paarungsvoraussetzung idealgeometrischer Oberflächen.
Im Unterschied zur Dauerfestigkeit von Werkstoffen kann die "Dauerwälzfestigkeit" als eine Bauteil-Dauerhaltbarkeit bezeichnet werden, die infolge einer Vielzahl werkstofflicher, schmiertechnischer sowie konstruktiver Einflußfaktoren nur in beschränktem Umfange als Werkstoff-Eigenschaft gedeutet werden kann."

## 5. Bisherige Ergebnisse zum Reibungs- und Verschleißverhalten von Metallen bei Beanspruchung durch technisch trockene Wälzreibung

Die schematische Übersicht zur systematischen Analyse von Verschleißvorgängen hat verdeutlicht, daß der Verschleiß innerhalb eines tribologischen Systems von einer großen Anzahl unterschiedlicher Einflußgrößen bestimmt wird (Bild 13). Neben dieser Vielzahl sind es vor allem die gegenseitigen Abhängigkeiten und Wechselwirkungen der Einflußgrößen untereinander, die Vorhersagen, inwieweit sich die Veränderung einer einzelnen Einflußgröße auf Erscheinungsform und Betrag des Verschleißes auswirkt, nur in Ausnahmefällen möglich machen.

Neigt man "gefühlsmäßig" zu der Annahme, daß z. B. der Verschleiß eines Systems mit steigender Normalkraft bzw. Flächenpressung bei sonst gleichen Bedingungen ebenfalls ansteigen wird, zeigen dagegen Wälzreibungsuntersuchungen von Fink und Euteneuer an Elektrolytkupfer /84/, daß diese Abhängigkeit ein Maximum aufweisen kann, Bild 17. Dieses ist jedoch weder eine Besonderheit der Beanspruchung durch Wälzreibung, noch der Werkstoffkombination Kupfer/Kupfer. Auch Mailänder und Dies /85/ sowie Welsh /42/ haben ein solches Maximum bei Trocken-Gleitreibungsversuchen mit Stahl/Stahl-Kombinationen gefunden. Ähnliche, durch Abschätzen oder auch durch Superposition einzelner bekannter Eigenschaften nicht vorhersagbare Abhängigkeiten des Verschleißbetrages von z. B. der Relativgeschwindigkeit oder der Umgebungsluftfeuchtigkeit sind bekannt, für weitere Einflußgrößen nicht auszuschließen.

Erklärt werden diese unerwarteten Funktionsverläufe im allgemeinen mit einem Wechsel der primär wirkenden Verschleißmechanismen. Aufgrund dieser Tatsachen sollten daher die Auswirkungen von Veränderungen zumindest der wichtigsten Einflußgrößen in dem Betriebsbereich bekannt sein, der für das betreffende tribologische System während seiner Einsatzzeit im wesentlichen zu erwarten ist, will man den Erfolg von Verschleißabwehrmaßnahmen nicht mehr oder weniger dem Zufall überlassen.

Im Anschluß an eine Beschreibung des grundsätzlichen Ablaufes eines Wälzreibungsversuches sollen hier daher die wichtigsten, aus vorhergehenden Arbeiten bekannten Abhängigkeiten bei Variation der Haupteinflußgrößen zusammengestellt werden, wobei im Sinne der Systemanalyse (s. Bild 13) unterteilt wird nach Variation der Beanspruchungsparameter, der Systemelemente und schließlich der veränderten Grenzschichteigenschaften. Dadurch soll die Anzahl der variablen Versuchsparameter für die weiteren Untersuchungen zum Gefügeeinfluß (Punkt 6) erheblich eingeschränkt und die Interpretation der Ergebnisse erleichtert werden.

## 5.1. Grundsätzlicher Ablauf eines Wälzreibungsversuches

Die Beschreibung des grundsätzlichen Ablaufes eines Wälzreibungsversuches zur Ermittlung des Verschleißverhaltens soll zum besseren Verständnis der Auswirkungen bei Variation der wichtigsten Einflußgrößen beitragen.
Die beiden zylindrischen Prüfkörper (Durchmesser d = ca. 50 mm; Breite b = 8 mm) bestehen dabei aus dem unlegierten Kohlenstoffstahl Ck 45 in normalgeglühtem Zustand. Dieser allgemeine Baustahl nach DIN 17200 (Werkstoffnummer 1.1191) dient hier als Bezugswerkstoff, da er als ein häufig eingesetzter Standardwerkstoff anzusehen ist (außerdem entspricht er dem von Krause /19/ verwendeten Stahl St 60 nach DIN 17100, dessen Wälzreibungsverhalten nachfolgend mehrfach angeführt wird).
In Bild 18 ist der Verlauf der aus dem Reibungsmoment $M_R$ berechneten Reibungszahl $\mu$ als Funktion der Gesamtversuchszeit aufgetragen; mitangegeben sind die Beanspruchungsparameter. Der Versuch untergliedert sich in drei Hauptabschnitte.

1. Der Einlauf - immer in trockener Atmosphäre ($p_D \leq 80$ Pa) - dient der Glättung der Schleifriefen (Prägepolieren), um für den Hauptversuch stets gleiche Ausgangsbedingungen auch hinsichtlich der Reinigung der Laufflächen zu schaffen. Diese erhalten ein spiegelnd blankes Aussehen, eine sichtbare Reiboxidation findet bei dem geringen Schlupf nicht statt.

2. Nach Beendigung des Einlaufvorganges zum Zeitpunkt $t_A$ erfolgt eine kurze Unterbrechung des Versuches. Zunächst werden die Prüfkörper durch Anheben des oberen Körpers außer Kontakt gebracht, dann die gewünschte Luftfeuchtigkeit sowie die Beanspruchungsparameter des Hauptversuches eingestellt. Die Klimakammer bleibt dabei immer geschlossen.
   Unmittelbar nach dem Wiederaufsetzen der Prüfkörper (Beginn der Gesamtbeanspruchungsdauer $T_{Bges}$) ist aufgrund der nun durch den Schlupf hervorgerufenen Tangentialkraft ein steiler Anstieg der Reibungszahl $\mu$ bis zu einem Höchstwert zu verzeichnen. Dabei tritt an den Laufflächen der Prüfkörper eine spontane Reiboxidation auf, die nach bestimmten Gesetzmäßigkeiten zum Aufwachsen einer kompakten Reaktionsschicht, überwiegend aus Metalloxiden führt. In dieser Phase ist bei vielen Werkstoffen eine meßtechnisch erfaßbare Gewichtszunahme der Prüfkörper zu verzeichnen. Außer vom Werkstoff selbst, hängen die Eigenschaften der Reaktionsschichten sehr stark von der Feuchtigkeit des Umgebungsmediums ab. Sie bestimmen zusammen mit den Beanspruchungsparametern die Zeit $T_{AB}$ bis zum Auftreten des ersten Abriebes, die als Maß für die Beständigkeit der Reaktionsschichten gegen Verschleiß anzusehen ist. Der Zeitpunkt $t_{AB}$ ist deutlich an der beginnenden Abnahme der Reibungszahl zu erkennen.

3. Zur Bewertung des Verschleißverhaltens verschiedener Werkstoffpaarungen wird hier allein die Verschleißbeanspruchung $T_B$, gerechnet vom Zeitpunkt des ersten Abriebes $t_{AB}$ an bis

zum Versuchsende, herangezogen. Mit fortschreitendem Verschleiß sinkt die Reibungszahl kontinuierlich auf einen konstanten Wert ab. Danach kann man von einem Gleichgewicht zwischen kontinuierlichem Verschleiß und einer Neubildung der Reaktionsschicht sprechen. Im weiteren Versuchsablauf muß man mit einer weitgehenden Veränderung der Grenzschichteigenschafen rechnen. Da die Verschleißbeanspruchungsdauer $T_B$, in Bild 18 z. B. $T_B$ = 20 Stunden, nur bei gleichem Durchmesser und gleicher Drehzahl der Prüfkörper ein realistisches Vergleichsmaß darstellt, ist häufig die Angabe einer von diesen Faktoren unabhängigen Größe, z. B. des Laufweges $l_w$ oder des Gleitweges $l_g$, sinnvoller.

Die Differenz ΔG der Prüfkörpergewichte vor und nach Versuchsdurchführung gibt den Verschleißbetrag an. Parallele Messungen von Rauheit und Härte ermöglichen einen ersten Einblick in die beanspruchungsbedingten Veränderungen der Grenzschichteigenschaften. Weitere Informationen, auch über die hauptsächlichen Verschleißmechanismen, sind durch Untersuchung der chemischen Zusammensetzung der Reaktionsschichten und der angefallenen Verschleißpartikel zu erhalten. Metallographische Schliffbilder, Härte-, Eigenspannungs- und Texturmessungen können Aufschluß über den Grad der plastischen Verformung der Grenzschichten und der damit verbundenen Gefügeveränderungen geben.

## 5.2. Variation der Beanspruchungsparameter

1. Einfluß der <u>Normalkraft</u> (Flächenpressung) auf die Reibungszahl

   Für Armco-Eisen findet Bugarcic /3/ bei Variation der Normalkraft $F_N$ zwischen 500 und 700 N, entsprechend einem Bereich der Flächenpressung zwischen 400 und 500 N/mm$^2$, keine nennenswerten Veränderungen der Reibungszahl μ. Die Streuung der Meßwerte beträgt nur etwa ± 5 %. Untersuchungen mit anderen Werkstoffpaarungen, z. B. Titan /2/, führen zu ähnlichen Ergebnissen.

2. Einfluß der <u>Normalkraft</u> auf den Verschleißbetrag

   Der Gesamtverschleiß ΔG der beiden Prüfkörper steigt mit zunehmender Normalkraft degressiv, linear oder progressiv an, wie <u>Bild 19</u> für drei verschiedene Stahlpaarungen zeigt /19/. Dies trifft auch für andere Metallpaarungen zu /85, 86/. Wie in Bild 19 für den Stahl V2A ist auch für Reintitan ein höherer Gesamtverschleiß in feuchter Umgebungsatmosphäre ($p_D$ = 4000 Pa) zu verzeichnen /86/.

3. Einfluß der <u>Normalkraft</u> auf die Zeit bis zum ersten Abrieb

   Je nach Werkstoffpaarung nimmt die Zeit bis zum ersten Abrieb $T_{AB}$ in feuchter Umgebungsluft ($p_D$ = 4000 Pa) mit steigender Normalkraft mehr oder weniger steil ab, wie die Untersuchungen von Krause /20/ mit den Stählen $C_1$ bis $C_4$

zeigen, Bild 20. Diese Stähle unterschieden sich legierungsmäßig allein in den Gewichtsprozentanteilen des Kohlenstoffes, der von $C_1$ = 0,43 % bis auf 1,63 % bei $C_4$ ansteigt. Während Krause für diese Stähle in trockener Atmosphäre ($p_D \leq$ 80 Pa) keinen Normalkrafteinfluß findet, nimmt die Zeit bis zum ersten Abrieb bei Manganhartstahl (Mnh) und V2A unter beiden Bedingungen mit steigender Normalkraft ab.

4. Einfluß des Schlupfes auf die Reibungszahl

Die Reibungszahl $\mu$ steigt generell mit zunehmendem Schlupf s degressiv auf einen Maximalwert an, Bild 21 /3/, um dann in den meisten Fällen wieder auf einen geringeren Wert abzufallen. Absolutwert der Reibungszahl und Lage des Maximums hängen in weiten Grenzen von der Werkstoffpaarung, dem Umgebungsmedium und der Absolutgeschwindigkeit ab.
Nach Berechnungen von Krause kann die Abhängigkeit der Reibungszahl vom Schlupf für die Werkstoffpaarung St 60 bei den verschiedenen Umgebungsluftfeuchtigkeiten bis zum Maximum der Reibungszahl am besten durch die Funktion

$$\mu = A \tanh (B \cdot s)$$

angenähert werden. In diesem Falle ergab sich für die Konstanten A und B das kleinste Fehlerquadrat beim Vergleich zwischen den gemessenen und den berechneten Werten /19/.

5. Einfluß des Schlupfes auf den Gesamtverschleiß

Solange mit steigendem Schlupf s die Reibungszahl $\mu$ und damit die an den Laufflächen der Prüfkörper angreifende Reibungskraft $F_R$ zunimmt, steigt auch der Gesamtverschleiß $\Delta G$ an, wie in Bild 22 am Beispiel des gehärteten Stahles 16MnCr5-H bei den Schlupfeinstellungen s = 0,5 % und s = 1,0 % zu erkennen ist /3/. Über den Zusammenhang von Verschleiß und höheren Schlupfwerten nach Überschreiten des Reibungszahlmaximums liegen keine Angaben vor.

6. Einfluß der Beanspruchungsdauer auf die Reibungszahl

Die dreidimensionale Auftragung der Reibungszahl $\mu$ als Funktion der Beanspruchungsdauer für eine Aluminiumpaarung in Bild 23 /87/ verdeutlicht, daß in trockener Atmosphäre ($p_D \leq$ 80 Pa) die Reibungszahl bei allen Schlupfwerten (hier bis 1,0 %) zunächst auf einen Maximalwert ansteigt, dann mit Beginn des ersten Abriebes wieder abnimmt und einem quasikonstanten Wert zustrebt. Je nach Werkstoffpaarung kann vor allem in feuchter Atmosphäre das anfängliche Maximum ausbleiben. Die Reibungszahl strebt dann in Form einer Übergangsfunktion 1. Ordnung unmittelbar dem quasikonstanten Endwert zu. Neben einigen Kohlenstoffstählen ist diese Form besonders bei reinen Metallen wie Nickel, Titan oder Gold zu beobachten /2, 85 ÷ 89/.

7. Einfluß der Beanspruchungsdauer auf den Gesamtverschleiß

Von Beginn der ersten Ablösung an nimmt der Gesamtverschleiß $\Delta G$ mit der Beanspruchungsdauer stetig zu, Bild 24, wobei der Kurvenverlauf überwiegend linear ist, je nach Werkstoffpaarung aber auch progressiv oder degressiv sein kann.

5.3. Variation der Elemente des Wälzreibungssystems

Die Auswirkungen von Veränderungen der Elemente des Wälzreibungssystems, also der Werkstoffe von Grund- und Gegenkörper sowie des Umgebungsmediums, sind im wesentlichen bereits in den vorausgehenden Bildern 19 bis 24 zum Einfluß der Beanspruchungsparameter (Abschnitt 5.2.) mitenthalten. Daher folgen hier nur noch einige Ergänzungen, wobei veränderte Werkstoffe und Umgebungsmedien gleichzeitig erfaßt werden.

1. Einfluß der Systemelemente auf die Reibungszahl

Für unlegierte Kohlenstoffstähle in normalgeglühtem Zustand liegen die Reibungszahlen in trockener Atmosphäre ($p_D \leq$ 80 Pa) deutlich über denen in feuchter Umgebung, wie in Bild 21 gezeigt. Trifft bei gehärtetem Einsatzstahl und bei Manganhartstahl genau der umgekehrte Fall zu, dort sind im Bereich kompakter Oxidschichten die Reibungszahlen bei feuchter Atmosphäre höher als bei trokkener, erhält man bei V2A, der einzige der bisher untersuchten Stähle, der keine oxidische Deckschicht als Folge der Reiboxidation bildet, praktisch keinen Einfluß der Luftfeuchtigkeit.

2. Einfluß der Systemelemente auf den Gesamtverschleiß

Der überragende Einfluß der eingesetzten Werkstoffpaarungen auf den Gesamtverschleiß bei sonst gleichen Elementen und Beanspruchungsparametern ist bereits einleitend in den Bildern 6 und 7 zum Ausdruck gebracht worden, ebenso in den Bildern 22 und 24. Bei Variation der Werkstoffe treten Unterschiede im Gesamtverschleißbetrag von mehreren Größenordnungen auf.
Nimmt der Gesamtverschleiß bei dem gehärteten Einsatzstahl mit zunehmender Feuchte des Umgebungsmediums annähernd linear ab, ist bei dem Radreifenstahl in Bild 22 ein Minimum zu verzeichnen. Für reine Titanpaarungen dagegen liegt der Verschleiß in feuchter Atmosphäre immer höher als in trockener /2, 86/. Bei sauerstoffreiem Stickstoff als Umgebungsmedium erhält Fink /90/ im Gegensatz zu sonst gleichen Versuchen in Luft überhaupt keinen Verschleiß, worauf er die Theorie der Reiboxidation aufbaut.

3. Einfluß der Systemelemente auf die Zeit bis zum ersten Abrieb

Mit steigendem Kohlenstoffgehalt nimmt die Zeit bis zum ersten Abrieb $T_{AB}$ bei den Stählen $C_1$ bis $C_4$ stetig ab, Bild 20. In feuchter Atmosphäre sind die Zeiten deutlich länger als in trockener. Weiterhin ist nur in feuchter Atmosphäre und nur bei den untereutektoiden Stählen $C_1$ und $C_2$ ein deutlicher Normalkrafteinfluß festzustellen /20/.
Bugarcic /3/ aber findet für den Radreifenstahl eine lineare Abnahme der Zeit $T_{AB}$ mit steigender Luftfeuchtigkeit. Auch für V2A und Manganhartstahl sind nach Untersuchungen von Krause /19/ die Zeiten $T_{AB}$ in feuchter Atmosphäre kürzer als in trockener, wohingegen bei St 60 wiederum das umgekehrte Verhalten eintritt.

## 5.4. Beanspruchungsbedingte Veränderung der Grenzschichteigenschaften

1. Rauheit

Die realen Kontaktverhältnisse fester Körper werden nach den äußeren Kräften vor allem von der Mikrogeometrie der sich berührenden Oberflächen bestimmt. Diese erfaßt man üblicherweise durch Rauheitsmessungen. In Bild 25 sind Meßschriebe der Laufflächenprofile jeweils des treibenden und bremsenden Prüfkörpers vor Versuchsbeginn, nach Beendigung des Einlaufvorganges und zwei Stunden nach Beginn des ersten Abriebes für den Kohlenstoffstahl $C_4$ bei verschiedenen Normalkrafteinstellungen zusammengefaßt /2/. Dabei handelt es sich um Aufnahmen mit einem Oberflächenmeßgerät nach Forster. Die Oberfläche der gleichmäßig bewegten Probe wird von einer Saphirspitze (Durchmesser = 10 µm) mit einer Frequenz von 50 Hz abgetastet und über ein Spiegelsystem auf einen kontinuierlich bewegten Film aufgezeichnet. Jeweils der helle Teil der Aufnahmen gibt den Festkörperbereich an.
Die glättende Wirkung des Einlaufvorganges ist ebenso zu erkennen wie die starke Aufrauhung der Laufflächen als Folge von Beanspruchung und Verschleiß. Von erheblichem Nachteil ist jedoch, daß dieses bisher angewandte Meßprinzip keine Zahlenwerte liefert. Zwar hat Krause den arithmetischen Mittenrauheitswert $R_a$ eines feingeschliffenen Prüfkörpers aus St 60 mit einem elektronischen Tastschnittmeßgerät nach DIN 4768 zu $R_a$ = 0,27 µm und nach dem Einlaufvorgang zu $R_a$ = 0,08 µm bestimmt, es fehlen jedoch Zahlenangaben über die veränderte Laufflächenrauheit als Funktion der Beanspruchungsparameter.

2. Reaktionsschichten und Verschleißpartikel

Wie bei der Beschreibung des grundsätzlichen Ablaufes eines Wälzreibungsversuches bereits erwähnt, verursacht die Reiboxidation in der Phase vor dem ersten Abrieb eine bestimmte Gewichtszunahme der Prüfkörper, aus der eine mittlere Dicke der Reaktionsschicht berechenbar ist /87/. Bild 26 zeigt einmal die mit steigender Normalkraft anwachsende Schichtdicke; zum anderen wird deutlich, daß die Schichtdicke aufgrund der Reiboxidation mehr als das 400-fache der Dicke bei Niedrigtemperaturen unverformter Eisenoberflächen betragen kann. Es werden Schichtdicken bis zu 7 µm erreicht, was aus metallographischen Untersuchungen von Krause hervorgeht /91/.

Wie die Untersuchungen von Bugarcic /3/ und Krause /19, 20/ ergeben haben, ist die nach unterschiedlichen Zeitgesetzen erfolgte Bildung der Reaktionsschichten, deren Haftfestigkeit auf dem Grundmetall, ihr Widerstand gegen mechanische Beanspruchung durch Normal- und Schubspannungen sehr vom jeweiligen Werkstoff und der Feuchtigkeit des Umgebungsmediums abhängig.
Die Auswirkung dieser Einflußgrößen faßt Bugarcic /3/ wie folgt zusammen:

> "In trockener Atmosphäre entstehen auf den Laufflächen der weichgeglühten Proben spröde Oxidschichten, die unter der Wirkung der Normal- und Tangentialkräfte in der Beanspruchungszone leicht zerbrechen. Da die anfallenden Verschleißpartikel härter als das Grundmaterial sind, werden sie zu einem großen Teil wieder in die Laufflächen eingewalzt. Ihre gute Verankerung im weichen Untergrund führt zu hohen Scherkräften zwischen den Reibpartnern und damit zu hohen Reibungszahlen. In feuchter Luft entstehen auf den Laufflächen durch Wasseraufnahme der Oxide plastische Deckschichten, deren Tragfähigkeit ausreicht, um die weichen Reibpartner metallisch voneinander zu trennen. Neben einem starken Reibungszahlabfall haben diese Deckschichten eine räumliche Trennung der Reaktionsteilnehmer (Sauerstoff - Metall) zur Folge, so daß der Verschleiß durch Reiboxidation fast völlig unterbunden wird.
>
> Bei den gehärteten Proben werden in trockener Atmosphäre durch das Zermahlen der Oxide und das Abschieben der Verschleißpartikel immer neue metallische Bereiche für die Reiboxidation freigelegt. Die anfallenden Oxidpartikel bilden hier eine lose, reibungsmindernde Schicht in der Beanspruchungszone und setzen die Reibungszahl stark herab. Mit zunehmender Luftfeuchte wird die Tragfähigkeit dieser Schicht durch die Wasseraufnahme und die verminderte Reiboxidation geschwächt, so daß sich die Zahl der metallischen Berührungsstellen zwischen den harten Mikro- und Makrohügeln der Reibpartner erhöht und ein Reibungszahlanstieg zu verzeichnen ist. Durch das Fehlen einer zusammenhängenden Deckschicht werden die Laufflächen auch in feuchter Atmosphäre chemisch angegriffen."

Die äußeren Oxidschichtbereiche setzen sich nach Ergebnissen von elektronenmikroskopischen Aufnahmen nach dem Durchstrahl-Beugungsverfahren an Armco-Eisen für alle Luftzustände einheitlich aus $\alpha$-$Fe_2O_3$ zusammen. Mit Hilfe der streifenden Beugung mittels eines Elektronendiffraktographen konnte unter dieser $\alpha$-$Fe_2O_3$-Schicht noch eine $Fe_3O_4$-Schicht festgestellt werden, an die sich dann der Grundwerkstoff anschließt.

In Tabelle 1 sind die Anteile an reinem α-Eisen zusammengestellt, die Bugarcic /3/ bei verschiedenen Luftzuständen für den Einsatzstahl 16MnCr5 (gehärtet) und den Radreifenstahl in den angefallenen Verschleißpartikeln nach einer Beanspruchungszeit von $T_B$ = 2 h durch chemische Analyse festgestellt hat. Es überrascht, daß der Anteil in feuchter Umgebungsatmophäre höher liegt als in trockener.
Zum gleichen Ergebnis kommt Krause /19/ für den Abnutzungsstaub des Stahles St 60 (Tabelle 1). In röntgenographischen Untersuchungen nach dem Debye-Scherrer-Verfahren weist er für St 60 in trockener und feuchter Atmophäre jeweils α-Fe und α-$Fe_2O_3$ im Verschleißstaub nach. Bei dem rostfreien Edelstahl V2A, der keine oxidische Deckschicht bildet, besteht der Abrieb fast ausschließlich aus α-Eisen; bei Manganhartstahl waren dagegen nur reine Eisen- bzw. Manganoxide festzustellen, Metallteilchen waren zum ersten Male bei Verschleißuntersuchungen an Metallen im Abrieb nicht nachweisbar.
Nach Untersuchungen von Krause sind Anteile an Eisen und Eisenoxiden im Abnutzungsstaub schlupfabhängig. Danach beträgt der Oxidanteil bei niedrigsten Schlupfwerten für unlegierten Kohlenstoffstahl nahezu 100 %, bei einem Schlupf von 5 % dagegen nur noch 40 %. Bei Schlupfwerten über ca. 32 % besteht nach diesen Untersuchungen der Abrieb dann nur noch aus reinem α-Eisen /89/.

3. Plastische Verformung

Den Grad der plastischen Verformung in den Grenzschichten der Prüfkörper beschreibt Krause am Beispiel des unlegierten Stahles St 60 mit Ferrit-Perlit-Gefüge anhand des Bildes 27 wie folgt:

> "Die plastisch verformbaren, zähen Ferrit-Kristallite folgen den angreifenden Tangentialkräften, während der spröde Zementit zertrümmert wird. Dabei wird die Lamellenstruktur des Perlits fast vollständig beseitigt. Infolge der Gefügekornstreckung verändern sich fast alle physikalischen und chemischen Eigenschaften. Dabei liegt eine sehr große Streckung der einzelnen Körner vor. Im Mikrobereich ist der Werkstoff im Gegensatz zur Makro-Normalbeanspruchung (Bruchdehnung = 23,8 %) in der Lage, eine äußerst hohe Dehnung bis zu 1000 % zu ertragen."

Die Dicke der plastisch verformten Grenzschicht nach einer Gesamtbeanspruchungsdauer von 10 Stunden bestimmt Krause röntgenographisch zu 0,35 bis 0,40 mm.

4. Härtesteigerung

Der Grad der plastischen Verformung wird sehr stark von der Feuchtigkeit des Umgebungsmediums bestimmt, was an unterschiedlichen Steigerungen der Härte im Grenzschichtbereich zu erkennen ist. Für St 60 erhält Krause /19/ in trockener Atmosphäre einen hyperbolischen Anstieg der Härte vom unverformten Grundwerkstoff bis zur Lauffläche von mehr als 100 %, während unter gleichen Versuchsbedingungen in feuchter Atmosphäre die Härtesteigerung kaum den Streubereich der Meßwerte überschreitet. Bild 28 zeigt den Anstieg der Laufflächenhärte als Funktion der Gesamtversuchszeit, ebenfalls für St 60. Daran ist leicht erkennbar, in welchem Maße sich die mechanischen Eigenschaften der Werkstoffe in den Grenzschichten verändert haben müssen.

## 5. Textur und Eigenspannungen

Mit der plastischen Verformung der Grenzschichten ist weiterhin die Ausbildung von Textur und Eigenspannungen verbunden. Unter Textur hat man die bevorzugte Orientierung einer Vielzahl der sonst regellos angeordneten Kristallite eines polykristallinen Werkstoffes in eine bestimmte Richtung zu verstehen. Der vorher isotrope Werkstoff weist dadurch richtungsabhängige Eigenschaften auf.
Bekannt sind Walz-, Guß- und Ziehtexturen. Krause weist als erster auf die Ausbildung einer Reibungstextur hin. Er geht davon aus, daß die bevorzugte Kristallorientierung alle Ergebnisse von Reibungs- und Verschleißuntersuchungen beeinflussen dürfte, ebenso die Reaktionsschichtbildung.
Die eingehende Untersuchung der Texturausbildung in Wälzkörpern bei technisch trockener Reibung war Aufgabe einer parallelen Arbeit /92/. Die wesentlichen Ergebnisse sind auch an anderer Stelle bereits bekannt gemacht /93 ÷ 95/, so daß hier auf eine nähere Beschreibung der Textur in Abhängigkeit der Beanspruchungsparameter und der Struktur des Wälzreibungssystems verzichtet wird.
Eigenspannungen im allgemeinsten Sinn sind Spannungen in einem abgeschlossenen System, auf das keine äußeren Kräfte und Momente wirken. Man unterscheidet dabei Eigenspannungen erster bis dritter Art. Nach ihrer Entstehung gliedert man sie in Verformungs-, Wärme- und Umwandlungseigenspannungen.
Eigenspannungen können sich positiv oder negativ auf das betreffende Bauteil auswirken. Beispiele für den negativen Einfluß sind Schweißspannungen und Härterisse. Positive Auswirkungen definiert erzeugter Druckeigenspannungen ("Rollen") sind dagegen von Bauteilen bekannt, die einer Wechselbeanspruchung unterliegen /96/.
Ebenso wie die Texturausbildung war die Bestimmung der Eigenspannungen Aufgabe einer parallelen Arbeit, so daß auf diese und weitere Untersuchungsergebnisse verwiesen werden kann /96 ÷ 101/.

## 5.5. Diskussion und Folgerungen

Als wesentlichstes Ergebnis der bisherigen Untersuchungen zum Reibungs- und Verschleißverhalten von Wälzreibungssystemen bei technisch trockener Reibung ist festzuhalten, daß metallische Werkstoffpaarungen sich bei Variation der wichtigsten Einflußgrößen sehr unterschiedlich verhalten können. In den Absolutwerten sind auch bei gleichartigen Werkstoffen zum Teil erhebliche Abweichungen zu registrieren. Stellt man für die Abhängigkeiten von Schlupf, Flächenpressung bzw. Normalkraft oder Beanspruchungsdauer zumindest noch tendenzmäßige Ähnlichkeiten fest, so sind in Abhängigkeit des Umgebungsmediums kaum Übereinstimmungen zu finden.

Zur Untersuchung des Gefügeeinflusses auf das Reibungs- und Verschleißverhalten von Wälzreibungssystemen als Zielsetzung der vorliegenden Arbeit haben diese Ergebnisse keine unmittelbare Aussagekraft:

1. Bei allen Untersuchungen bestanden beide Prüfkörper immer aus dem gleichen Werkstoff, was im Sinne der Systembetrachtung immer die gleichzeitige Veränderung von zwei Einflußgrößen, nämlich der zwei Elemente Grundkörper <u>und</u> Gegenkörper, bedeutet. Dadurch ist ein Vergleich der Ergebnisse zweier verschiedener Werkstoffpaarungen weniger aussagefähig als wenn nur der Werkstoff eines der beiden Elemente verändert worden wäre.

2. Das Verschleißverhalten ist nur durch die summarische Angabe des Gesamtverschleißes $\Sigma\Delta G = \Delta G_t + \Delta G_b$ erfaßt. Auch wenn das Gesamtverschleißverhalten häufig im Vordergrund des Interesses steht, liefert eine (ggfs. zusätzliche) Aufteilung in die Einzelverschleißbeträge weitergehende Informationen und Ansatzpunkte zur Verschleißabwehr. Dies gilt insbesondere, wenn der Verschleiß der beiden Grundelemente unterschiedlich bewertet wird, z. B. wegen unterschiedlicher Material- oder Instandhaltungskosten.

3. Das Hauptinteresse konzentrierte sich bei den bisherigen Untersuchungen auf die bei der Reiboxidation ablaufenden mechanisch-chemischen Vorgänge, meist nur bis zur Ablösung der ersten Oxidschicht. Hier soll jedoch der Gefügeeinfluß auf das Reibungs- und Verschleißverhalten im quasi Dauerbetriebszustand betrachtet werden, wo Ablösung und Neubildung von Reaktionsschichten gleichzeitig auftreten. Die bisherigen Versuchszeiten sind daher für eine gesicherte Aussage vielfach zu kurz.

4. Es besteht noch weitgehende Unklarheit über den Einfluß der Laufflächenrauheit als Maß für die mikrogeometrische Oberflächenbeschaffenheit auf die Reibungs- und Verschleißvorgänge.
   Zwar wird den realen Kontakt- und Verformungsvorgängen allgemein große Bedeutung beigemessen, jedoch sind weder qualitative noch quantitative Zusammenhänge zwischen Rauheit und Verschleißbetrag oder Reibungszahl in Abhängigkeit der wichtigsten Einflußgrößen bekannt.

Diese offenen Fragen sollen daher in Voruntersuchungen so weit wie möglich geklärt werden, um die angestrebte Einschränkung der variablen Einflußgrößen zu erreichen und so die Anzahl der Hauptversuche zum Gefügeeinfluß in einem durchführbaren Rahmen zu halten. Für diese Vorversuchsreihen sollen Werkstoffpaarungen eingesetzt werden, die sich in praktisch ausgeführten Wälzreibungssystemen bei technisch trockener Reibung bewährt haben. An diesen Ergebnissen ist dann auch der Erfolg der neuentwickelten Werkstoffe zu messen.

# 6. Untersuchungen zum Einfluß von Legierungselementen, Festigkeitseigenschaften und Gefügeausbildung auf das Reibungs- und Verschleißverhalten vergüteter Stähle bei Beanspruchung durch technisch trockene Wälzreibung

## 6.1. Die Prüfmaschinen

Die konstruktive Gestaltung von Maschinen zur Erzeugung der charakteristischen Kraft- und Bewegungsverhältnisse des allgemeinen, von zwei zylindrischen Körpern gebildeten Wälzreibungssystems kann naturgemäß sehr verschieden sein. Dennoch lassen sich alle Ausführungen von Prüfmaschinen nach der prinzipiellen Art des Prüfkörperantriebes in zwei Gruppen einteilen. Arbeitet die eine Gruppe mit einem geschlossenen Leistungskreislauf, d. h. der Antrieb beider Prüfkörper erfolgt durch einen einzigen Motor zwangsläufig z. B. über Zahnradgetriebe, so liegt der zweiten Gruppe das Prinzip des offenen Leistungskreislaufes zugrunde, jeder Prüfkörper wird dabei einzeln und unabhängig von je einem Motor angetrieben.
Wegen der größeren Laufruhe und der besseren Reproduzierbarkeit kam hier bei den weiteren Untersuchungen hauptsächlich die Wälzreibungsprüfmaschine in der Bauart Bugarcic /3/ mit getrenntem Prüfköperantrieb zum Einsatz, Bild 29.

Die Verwendung von Synchronmaschinen in Verbindung mit den nachgeordneten Schneckengetrieben erlaubt, Drehzahl und Schlupf mit einer Genauigkeit von etwa ± 0,01 % vorzugeben. Die stufenlose Schlupfeinstellung im Bereich von 0 bis 1,0 % wird erreicht, indem der Netzfrequenz der einen (antreibenden) Maschine über einen mittels Gleichstrommotor angetriebenen Frequenzumformer eine Zusatzfrequenz überlagert und so die synchrone Grunddrehzahl von 3000 $min^{-1}$ im Bereich von 3030 bis 3120 $min^{-1}$ veränderbar wird. Die Schlupfregelung ist somit auf die Drehzahlregelung einer Gleichstrommaschine reduziert. Eine zusätzliche Automatik zum ständigen sägezahnförmigen Auf- und Abregeln des Schlupfes verhindert weitestgehend die unerwünschte Riffelbildung auf den Prüfkörperlaufflächen /3/. Die Grunddrehzahl der Prüfkörper ist durch Austausch der Schneckengetriebe zu verändern. Gewichte dienen zur Erzeugung der gewünschten Normalkräfte. Die Prüfkörper sind zur Durchführung von Versuchen bei definiertem Umgebungsmedium von einer Klimakammer umgeben.

In Tabelle 2 sind den einstellbaren Versuchsparametern der Wälzreibungsprüfmaschine Bauart Bugarcic die der Bauart Amsler gegenübergestellt. Diese nach dem Prinzip des geschlossenen Leistungskreislaufes aufgebaute Maschine ist schon seit mehr als 50 Jahren bekannt /102/. Fink hatte sie bereits bei seinen Untersuchungen, die zur Entdeckung der Reiboxidation führten, im Einsatz. Der Schlupf kann dabei durch Auswechseln von Zahnradpaarungen im Bereich von 0 bis 100 % abgestuft werden. Im Rahmen dieser Arbeit diente sie nur zu einigen Versuchsreihen bei hohen Schlupfwerten, die mit der Maschine Bauart Bugarcic nicht zu erreichen waren.

Neben der Vorgabe der in Tabelle 2 aufgelisteten Versuchsparameter erfolgt an beiden Maschinen eine Drehmomentmessung (Amsler-Maschine: mechanisch über Zahnradwaage; Bugarcic-Maschine: elektrisch über Drehmomentmeßwelle, Trägerfrequenzmeßverstärker und Linienschreiber) im antreibenden Wellenstrang zur Bestimmung der Reibungszahl $\mu$.
Die Feuchtigkeit der Umgebungsluft wird über den Partialdruck des Wasserdampfes $p_D$ eingestellt, der mit der temperaturabhängigen relativen Luftfeuchtigkeit $\phi_{rel}$ und dem Sättigungsdruck des Wasserdampfes durch

$$\phi_{rel} = \frac{p_D}{p_s} \cdot 100\ \%$$

verknüpft ist /3, 19/. Zur Einstellung der verschiedenen Wasserdampfpartialdrücke wird Preßluft entspannt, gefiltert und verzweigt, wobei ein Teil über eine Umgehungsleitung in ein Mischgefäß und dann in die Klimakammer gelangt.

Einzelheiten über weitere Maschinen zur Prüfung des Verschleißverhaltens von Metallpaarungen bei Gleit-, Roll- oder Wälzbeanspruchung können der zusammenfassenden Beschreibung für ca. 70 Prüfmaschinen von Trebst und Schubert /103/ entnommen werden.

In einem amerikanischen Katalog sind die prinzipielle Prüfanordnung, der hauptsächliche Anwendungsbereich sowie Vor- und Nachteile für 234 Reibungs- und Verschleißprüfmaschinen enthalten /104/.

## 6.2. Meßgeräte, Durchführung der Messungen

Zur weiteren Auswertung und Interpretation dienen die nachfolgend kurz beschriebenen Messungen; mitangegeben sind die dazu eingesetzten Geräte.

Der Verschleiß der beiden Prüfkörper wird als Gewichtsverlust durch Wiegen vor und nach der jeweiligen Beanspruchungsdauer bestimmt. Eingesetzt ist eine Analysenwaage der Firma Mettler. Sie steht nahezu schwingungsfrei auf einem schweren Marmortisch. So lassen sich Massen bis maximal 1000 g mit einer Genauigkeit von $10^{-4}$ g messen. Vor jeder Messung wird die Waage mittels einer Lichtanzeige auf Null eingestellt. Das Ergebnis der Messung ist ein aus mehreren Einzelmessungen gebildeter Mittelwert. Als Verschleißmaß ist entweder unmittelbar der Gewichtsverlust oder die daraus berechnete Abnahme des Prüfkörperradius (dazu Punkt 6.3.4.) angegeben.

Die Verschleißpartikel werden während des Versuches in einer sich unter den Prüfkörpern befindlichen Glasschale gesammelt, um sie anschließend auf ihre qualitative und quantitative Zusammensetzung hin zu untersuchen. Die Analyse erfolgt mittels einer Anlage für Röntgenfeinstrukturuntersuchungen nach dem Debye-Scherrer-Verfahren. Zur Verfügung steht ein Gerät der Firma Philips mit der Typenbezeichnung "Mikro 111".

Zur Bestimmung der physikalischen Eigenschaften der Prüfkörpergrenzschichten dienen Messungen der Rauheit und der Härte. Die Rauheitsmessungen erfolgen unter Einsatz eines elektronischen Tastschnittgerätes gemäß DIN 4768. Das "Perthometer" der Firma Perthen, Hannover, bietet durch die Vielzahl der frei wählbaren Parameter (Rauheitsmaß, Meßstrecke, Vergrößerung, Cut-off des Wellentrenners) optimale Anpaßmöglichkeiten an die spezifischen Meßaufgaben. Die Meßkette besteht aus einem Meßaufnehmer des Typs HT 6/250, Meßbereich 250 µm, dem Meßkopf PMK (Vorschubgerät), dem Perthometer S 10 D (elektronische Meß- und Anzeigeeinheit) und dem Profilschreiber Perthograph DWRU-LPS.

Die Härte der Prüfkörperlaufflächen, der verformten Grenzschicht, des Grundgefüges usw. (Vickers Härte HV) wird mit einem Kleinlasthärteprüfgerät der Firma Leitz, Wetzlar, ermittelt. Die Prüflast des Meßdiamanten kann man zwischen 15 g und 2000 g variieren. Hier wurden die Messungen mit Prüflasten von 300 g oder 500 g ausgeführt. Der angegebene Härtewert ist ein Mittelwert aus mindestens vier Einzelmessungen.

Die Grenzschichteigenschaften werden anhand von metallographischen Schliffen durch die beanspruchten Zonen sowie mit Hilfe von Eigenspannungs- und Texturmessungen erfaßt. Durch geeignete Lichtmikroskope können in den metallographischen Schliffen Verformungen, Gefügeveränderungen, Rißbildung usw. erkannt werden. Außerdem dienen Härtemessungen senkrecht zur Lauffläche der Bestimmung der Kaltverfestigung sowie des Verfestigungsgradienten.

Textur- und Eigenspannungsmessungen sind hier nur der Vollständigkeit halber mitaufgeführt. Wie bereits erwähnt, waren sie Gegenstand paralleler Forschungsarbeiten auf dem Gebiet der Röntgenfeinstrukturanalyse /92, 97/.
Elektronenmikroskope ermöglichen wegen der sehr viel höheren Auflösung und der größeren Tiefenschärfe einen wesentlich erweiterten Einblick in die gefügeabhängigen, mikroskopischen Verformungs- und Bruchvorgänge der plastisch verformten Wälzköpergrenzschichten. Hier kam ein Rasterelektronenmikroskop zum Einsatz+); diese Mikroskope verlangen nur einen geringen Präparationsaufwand der zu untersuchenden Proben.

---

+) Die Aufnahmen wurden im Gemeinschaftslabor für Elektronenmikroskopie der RWTH Aachen (Dr. Burchard) erstellt.

## 6.3. Vorversuchsreihen

Hauptziel der Vorversuche ist die Einschränkung der variablen Versuchsparameter sowie die Festlegung der Versuchsdurchführung für die Hauptversuchsreihen.
Vorrangig sollen die Informationslücken über die Auswirkung mehrerer Einflußgrößen geschlossen werden, die in der Diskussion des bisherigen Kenntnisstandes zum Reibungs- und Verschleißverhalten von Wälzreibungssystemen bei technisch trockener Reibung zusammengefaßt sind.

### 6.3.1. Werkstoffe der Vorversuchsreihen

<u>CK 45</u> ist ein unlegierter Kohlenstoffstahl, der in die Gruppe der allgemeinen Baustähle nach DIN 17200 (Werkstoffnummer 1.1191) gehört. Er dient hier als Bezugswerkstoff, da er einerseits als ein häufig eingesetzter Standardwerkstoff anzusehen ist. Außerdem entspricht er, wie bereits erwähnt, dem von Krause /19/ häufig bei den Grundlagenuntersuchungen eingesetzten Stahl St 60 nach DIN 17100.

<u>C 1</u> kennzeichnet einen Kohlenstoffstahl, der aus ARMCO-Eisen durch alleiniges Zulegieren von Kohlenstoff erschmolzen wurde. Er gehört in eine Reihe von vier auf diese Weise mit unterschiedlichem Kohlenstoff bei sonst gleichen Legierungselementen hergestellten Stähle, die Krause /20/ bei Untersuchungen zum Einfluß des Kohlenstoffs auf das Verschleißverhalten benutzte.

<u>M 80</u> ist der gängige Stahl für Triebfahrzeug-Radreifen der Deutschen Bundesbahn entsprechend den Richtlinien des Internationalen Eisenbahnverbandes (UIC) 853-1 V.

<u>BV 1</u> lautet die Bezeichnung für den üblichen Stahl für Wagenradreifen gemäß UIC-Kodex 810-1 V.

<u>VBV</u> ist die Versuchsbezeichnung für den etwas höher festen Radreifenstahl BV 2 entsprechend UIC-Kodex 810-1 V, der hier in vergüteter Ausführung zum Einsatz kam.

<u>SN</u> bezeichnet einen Schienenstahl der Regelgüte nach UIC 860 V.

<u>VA</u> lautet die Kurzform für einen Schienenstahl in der verschleißfesten Güte A gemäß UIC-Kodex 860 V.

<u>B 2</u> schließlich ist die Versuchsbezeichnung für einen Sonderstahl hoher Festigkeit auf Chrom-Mangan-Basis der Fried. Krupp Hüttenwerke /105 ÷ 107/, der seit einigen Jahren als Schienenstahl unter extremen Beanspruchungsbedingungen erprobt wird /108, 109/.

---

Die Radreifen- und Schienenstähle wurden von der Deutschen Bundesbahn sowie den Firmen Klöckner-Werke AG, Osnabrück (Dr. Körfer) und Fried. Krupp Hüttenwerke AG, Werk Rheinhausen (Dr. Heller), zur Verfügung gestellt.

Genaue Angaben zur chemischen Zusammensetzung und zu den mechanischen Eigenschaften der aufgeführten Stähle sind in den Tabellen 3 und 4 enthalten.

Die Radreifen- und Schienenstähle wurden als unlegierte Kohlenstoffstähle für die Vorversuchsreihen ausgewählt, da sie im praktisch ausgeführten Wälzreibungssystem Eisenbahnrad/Schiene eingesetzt sind und somit geeignete Werkstoffpaarungen zur Schließung der bestehenden Informationslücken abgeben. Gleichzeitig kann an den damit erzielten Ergebnissen der Nutzen neuer Werkstoffpaarungen sinnvoll abgeschätzt werden.

### 6.3.2. Rauheit der Prüfkörperlaufflächen

In diesen Voruntersuchungen sollen zahlenmäßige Angaben über die Abhängigkeit der Rauheit der Prüfkörperlaufflächen von den Beanspruchungsparametern des Wälzreibungssystems und von den eingesetzten Werkstoffen gewonnen werden. Da solche Informationen bisher nicht vorliegen, sind auch noch keine konkreten Aussagen über die vielfach vermuteten engen Zusammenhänge zwischen den mikrogeometrischen Kontaktverhältnissen und dem Reibungs- und Verschleißverhalten zweier Festkörper bei Wälzbeanspruchung möglich gewesen.

#### 6.3.2.1. Rauheitsmaße und Anzahl der Messungen

Das Istprofil jeder Werkstückoberfläche weicht mehr oder weniger stark vom geometrisch-idealen Profil ab. Nach DIN 4760 /72/ unterscheidet man dabei Gestaltabweichungen 1. bis 6. Ordnung (s. dazu Punkt 4.4.1. - Realer Aufbau technischer Körper). Mit Rauheitsmeßgeräten lassen sich im allgemeinen die Abweichungen 1. bis 4. Ordnung erfassen. Je nach Lage verschiedener Bezugsprofile zum Istprofil der Oberfläche, Bild 30, geben die Normen DIN 4762 /73/ und DIN 4768 /74/ verschiedene Maße zur Beschreibung der Rauheit an:

$P_t$ = Rauheitsprofil; das vom Meßaufnehmer erfaßte Profilbild der Oberfläche längs der Meßstrecke; dieses gibt das Istprofil nicht vollkommen wieder, da sowohl die Geometrie der Meßspitze als auch die Führung des Tasters immer einen gewissen Glättungseffekt bewirken.

W = maximale Wellentiefe; dies ist der senkrechte Abstand zwischen höchstem und tiefstem Punkt des Welligkeitsprofiles.

$R_t$ = maximale Rauhtiefe; sie gibt den senkrechten Abstand zwischen höchstem und tiefstem Punkt des Rauheitsprofiles $P_t$ an (s. Bild 30).

$R_z$ = gemittelte Rauhtiefe; dabei handelt es sich um den arithmetischen Mittelwert aus fünf einzelnen Rauhtiefenmessungen, deren Meßstrecken aneinandergrenzen.

$R_a$ = arithmetischer Mittenrauhwert; hier wird der arithmetische Mittelwert aller Abstände des Rauheitsprofiles $P_t$ vom mittleren Profil angegeben.

$R_s$ = geometrischer Mittenrauhwert; dies ist der geometrische Mittelwert aller Abstände des Rauheitsprofiles $P_t$ vom mittleren Profil.

$R_p$ = Glättungstiefe; angegeben sind hierbei der senkrechte Abstand zwischen höchstem Punkt des Rauheitsprofiles $P_t$ und dem mittleren Profil (s. Bild 30).

Neben diesen bekanntesten Rauheitsmaßen lassen sich noch weitere definieren. So gibt z. B. Kloos /71/ an, daß Abweichungen im Rauheitsprofil durch den "Völligkeitsgrad" k ($k = 1 - R_p/R_t$) oder den "Profil-Leeregrad" λ ($\lambda = R_p/R_t$) wesentlich besser charakterisieren lassen als durch die direkten Senkrechtmeßgrößen. In jedem Falle verdeutlicht die Vielzahl der Rauheitsmeßgrößen, daß die Rauheit eines Werkstücks nicht in einer einzigen absoluten Größe angegeben werden kann und daß je nach Zweck der Rauheitsmessung das geeignete Maß auszuwählen ist.
Zur Überprüfung der Aussagefähigkeit der verschiedenen Rauheitsmaße sind diese in Bild 31 als Funktion der Gesamtversuchszeit für den treibenden Prüfkörper der Werkstoffpaarung CK 45/Ck 45 aufgetragen. Jeder Meßpunkt beruht auf zehn Einzelmessungen, angegeben ist der daraus errechnete arithmetische Mittelwert. In allen Fällen erkennbar ist die glättende Wirkung des Einlaufs bei dem geringen Schlupf von 0,02 %, ebenso der deutliche Anstieg der Rauheit bei der zweiten Messung nach einer 60-minütigen Beanspruchung bei einem Schlupf von 0,5 ± 0,2 %. Einem vorübergehenden weiteren Anstieg folgt dann bis zur 180. Minute eine Stabilisierung auf einen Endwert.

Die sich anschließende Absenkung des Schlupfes auf 0,3 % zieht eine sofortige Abnahme der Rauheit nach sich, festzustellen an allen Rauheitsmaßen. Gleiches gilt für den Wiederanstieg der Rauheit unmittelbar bei Erhöhung des Schlupfes.

Zur Durchführung dieser Rauheitsmessungen müssen hier die Prüfkörper jeweils ausgebaut werden, da aus Platzgründen ein Messen im eingebauten Zustand am Wälzprüfstand I (WP I) nicht möglich ist. Alle Messungen erfolgten quer zur Laufrichtung, bei einer Prüfkörperbreite von b = 8 mm betrug die Meßstrecke immer 5 mm. Aus gerätetechnischen Gründen war die Ermittlung der Rauheit in Laufrichtung nicht möglich.

Als zusätzliches Beurteilungskriterium sind in Tabelle 5 die arithmetischen Gesamtmittelwerte $St_{ges}$ der jeweiligen prozentualen Standardabweichungen St der einzelnen Meßreihen zu den verschiedenen Zeitpunkten ($T_{ges}$ = 0, 30, 60 min usw.) zusammengestellt.

Gesamtmittelwert $St_{ges}\,[\%] = \frac{1}{m}\,(St_1 + St_2 + \ldots + St_m)$

Standardabweichung $St\,[\%] = \frac{100\,\%}{A} \cdot s$

Standardabweichung (Dimension wie A bzw. x) $s = \sqrt{\frac{x^2 - 1/n\,(\;x)^2}{n-1}}$

arithmetischer Mittelwert $A = \frac{1}{4}\,(x_1 + x_2 + \ldots + x_n)$

m = Anzahl der arithmetischen Mittelwerte A
n = Anzahl der Einzelmessungen

Nach Bild 31 und Tabelle 5 sind die Oberflächenmaße $R_z$, $R_a$, $R_s$ und $R_p/R_t$ etwa gleich gut geeignet. Ein wesentlicher Vorteil des "Profil-Leeregrades" $R_p/R_t$, wie nach Kloos /71/ zu erwarten gewesen wäre, ist im vorliegenden Falle nicht zu erkennen. Nachfolgend wird als Rauheitsmaß immer nur $R_z$ verwendet, da $R_z$ in sich schon einen Mittelwert aus fünf Einzelmessungen präsentiert und daher die insgesamt beste statistische Absicherung verspricht.

Nach dem geeigneten Oberflächenmaß ist die Anzahl der notwendigen Einzelmessungen festzulegen. Dazu sind in Tabelle 6 drei verschiedene Auswertungen von zehn Rauheitsmessungen $R_z$ der Lauffläche eines Prüfkörpers gegenübergestellt.

Der Unterschied bei der Auswertung von nur fünf Einzelmessungen gegenüber zehn Messungen liegt innerhalb der Standardabweichung, so daß für die nachfolgende Versuchsdurchführung fünf Einzelmessungen zur Erfassung der Rauheit $R_z$ als hinreichend anzusehen sind.

Als zusammenfassendes Ergebnis dieser ersten zahlenmäßigen Untersuchungen ergibt sich also, daß die Rauheit der Prüfkörperlaufflächen bei den hier durchzuführenden Wälzreibungsversuchen immer durch den arithmetischen Mittelwert des Rauheitsmaßes $R_z$ aus fünf über der Lauffläche gleichmäßig verteilten Einzelmessungen erfaßt wird.

### 6.3.2.2. Rauheit als Funktion der Beanspruchungsparameter und der Werkstoffpaarung

Die Untersuchungen zum Einfluß der Beanspruchungsparameter und der Werkstoffpaarung auf die Rauheit der Prüfkörperlaufflächen wurden mit den Vergleichsstahlpaarungen Ck 45/Ck 45 und M 80/VA durchgeführt. Als Mittelwerte der Ausgangsrauheiten $\overline{R_z}$ ergaben sich für die feingeschliffenen Laufflächen:

Ck 45 : $\overline{R_z} = 1{,}5\ \mu m$
M 80 : $\overline{R_z} = 2{,}5\ \mu m$
VA : $\overline{R_z} = 2{,}8\ \mu m$

Versuchsdurchführung und Zeitpunkte der Messungen sind den jeweiligen Bildern zu entnehmen.
Erste Aufgabe war die Überprüfung der Reproduzierbarkeit der Ergebnisse bei gleicher Versuchsdurchführung, Bild 32.
Die anfänglichen Abweichungen bis zu einer Gesamtbeanspruchungszeit von ca. 120 min in den Ergebnissen der Versuche R-1 und R-2 mit der Paarung Ck 45/Ck 45 sind auf den in diesen Zeitraum fallenden Verschleißbeginn zurückzuführen, wie auch der Verlauf der mitaufgeführten Reibungszahl erkennen läßt.
Die Unterschiede nach längeren Beanspruchungszeiten liegen im Bereich der - recht hohen - Standardabweichungen.
Auffallend ist, daß die Rauheit der treibenden Prüfkörper wesentlich stärker ansteigt als die der bremsenden.
Zwei weitere Versuche R-3 und R-4 unter gleichen Bedingungen mit den überschliffenen Prüfkörpern (Schleifmaß $\Delta d = 0{,}1$ mm) aus den Versuchen R-1 und R-2 bestätigen dieses Ergebnis, es wurden gleiche Kurvenverläufe und Zahlenwerte erreicht.

In Bild 33 sind die Ergebnisse der Rauheitsmessungen sowie der Reibungszahlen bei verschiedenen Normalkräften unter sonst gleichen Bedingungen zusammengefaßt. Die ersten Rauheitsmessungen wurden dabei erst nach Eintritt des ersten Abriebs ($T_{Bges}$ = 180 min) durchgeführt. Die Abweichungen der Rauheit liegen zu diesem Zeitpunkt im Bereich der Standardabweichung, sowohl für den treibenden als auch für den bremsenden Prüfkörper. Bei Verringerung des Schlupfes tritt am treibenden Prüfkörper wiederum eine sofortige, spürbare Abnahme der Laufflächenrauheit ein, während Änderungen beim bremsenden Körper kaum zu verzeichnen sind.
Bei der höchsten Normalkraft ($F_N$ = 700 N) ruft die Verringerung des Schlupfes wider Erwarten die stärkste Abnahme der Rauheit hervor, bei der geringsten Normalkraft ($F_N$ = 400 N) die niedrigste Abnahme.

Die Versuchsergebnisse für die Werkstoffpaarung M 80/VA sind in Bild 34 zusammengefaßt. Sowohl die Zahlenwerte für die Laufflächenrauheit als auch die Reibungszahlen sind mit genügender Genauigkeit zu reproduzieren. Zu jedem Schlupfwert wurden zwei Versuche durchgeführt, wobei die Beanspruchungsdauer je nach Höhe des Schlupfes verschieden war, um Auswirkungen der ebenfalls schlupfabhängigen Dauer der Einlaufphase zu vermeiden und nur Werte aus dem "stabilen" Bereich nach Überschreitung des Reibungszahlmaximums in die Auswertung mitaufzunehmen.
Die Laufflächenrauheit steigt nur bis zu einem Schlupfwert von 0,4 % und nur am treibenden Prüfkörper deutlich an. Bei höheren Schlupfwerten liegen die Unterschiede im Bereich der Standardabweichung. Am bremsenden Körper ist keine Schlupfabhängigkeit festzustellen.

Als Ergebnis dieser Untersuchungen kann man zusammenfassen, daß sich die Rauheit der Prüfkörperlaufflächen als Funktion der Beanspruchungsdauer bei konstanten Beanspruchungsparametern für jede Werkstoffpaarung wie auch die Reibungszahl nach einem anfänglichen Maximum auf einen gleichbleibenden Endwert einstellt. Während die Rauheit des bremsenden Körpers keine nennenswerte Abhängigkeit von Normalkraft oder Schlupf aufweist, folgt die Rauheit des treibenden Prüfkörpers unmittelbar jeder Schlupfänderung, wobei der Grad der Rauheitsänderung zusätzlich eine Funktion der Normalkraft ist. Im konstanten Betriebsbereich aber scheint die Rauheit des treibenden Körpers nur bis zu einem Wert von 0,4 % vom Schlupf beeinflußbar zu sein. Der Zusammenhang zwischen Rauheit und Verschleißbetrag kann für die verschiedenen Werkstoffpaarungen erst bei den Hauptuntersuchungen geklärt werden.

6.3.3. Verschleißmessung

Die Zuverlässigkeit der Verschleißmessungen sowie der zu erwartende Streubereich ist anhand von Tabelle 7 abzuschätzen. Dort sind der Gesamtverschleiß $\Sigma\Delta G$ und die Einzelverschleißbeträge $\Delta G$ der Prüfkörper aus fünf völlig gleichen Versuchen nebeneinander gestellt (Werkstoffpaarung: Ck 45/Ck 45, Normalkraft $F_N$ = 700 N; Drehzahl n = 200 $min^{-1}$; Schlupf $s_m$ = 0,5 %; Laufweg $l_w$ = 35 km; Wasserdampfpartialdruck $p_D$ = 4000 Pa). Ebenfalls angegeben sind die aus den Einzelbeträgen errechneten arithmetischen Mittelwerte $\overline{\Delta G}$ sowie die absolute Standardabweichung $\mathfrak{s}$ und die in Prozentanteilen umgerechnete Abweichung St. Danach kann man bei Verschleißuntersuchungen mit dem Wälzprüfstand Bauart Bugarcic von einem vergleichsweise sehr geringen Streubereich um 5 % ausgehen.

Die in Tabelle 7 vorgenommene zusätzliche Unterteilung der Gesamtverschleißbeträge in die Einzelverschleißbeträge der jeweiligen Prüfkörper bietet bereits eine zusätzliche Information: Trotz gleicher Werkstoffe und (nach den Regeln der technischen Mechanik) gleicher, an den Laufflächen angreifender Reibungskräfte sind hier die Verschleißbeträge der treibenden Prüfkörper immer etwa doppelt so hoch wie die der bremsenden. Zur Überprüfung des Sachverhaltes ist der Stahl VA in Kombinationen mit den Stählen BV 1 und M 80 je einmal als Werkstoff des treibenden und des bremsenden Prüfkörpers eingesetzt worden. Die Versuchsbedingungen waren dabei vollkommen identisch mit den obengenannten der Werkstoffpaarungen Ck 45/Ck 45. Die Ergebnisse - Mittelwerte aus mehreren Einzelversuchen mit einer Standardabweichung St unter 10 % - sind in Tabelle 8 zusammengestellt. Einmal ist zu erkennen, daß je nach Werkstoffpaarung einmal der treibende Prüfkörper den höheren Verschleiß aufweisen kann, das andere Mal der bremsende. Weiterhin weichen die Verschleißbeträge der gleichen Werkstoffpaarung deutlich und ohne erkennbare Systematik voneinander ab, wenn die Werkstoffe von treibendem und bremsendem Prüfkörper gegeneinander ausgetauscht werden. Offenbar trifft bei diesen Wälzreibungsversuchen ein Prinzip Aktio = Reaktio nicht zu.

Bei den allgemeinen Ausführungen zum Problemkreis Verschleiß (s. Punkt 2.) ist betont worden, daß der Verschleiß z. B. von aufeinander gleitenden Maschinenteilen sich nur in Form eines ganz allmählichen Abtragens vollziehen darf, womit nur eine

Vergrößerung oder Verkleinerung der äußeren Maße, nicht aber der grundsätzlichen geometrischen Form verbunden ist, wenn die Funktion einer Maschine gesichert sein soll (Vogelpohl /110, 111/. In diesem Sinne wird bei allen nachfolgenden Auswertungen als Verschleißmaß immer die Abnahme der Prüfkörperradien ΔR verwendet. R kann gemäß

$$\Delta R = \frac{d}{2} - \sqrt{\frac{d^2}{4} - \frac{\Delta G}{\pi \cdot b \cdot \rho}}$$

mit ρ als Dichte des Werkstoffes aus den Gewichtsverlusten der Prüfkörper bestimmt werden. Diese Umrechnung ist zulässig, da die Prüfkörper über der gesamten Breite gleichmäßig verschleißen, wie Profilschriebe der Laufflächen vor und nach Beanspruchung unter den vorgenannten Versuchsbedingungen zeigen, Bild 35.

Neben der unmittelbaren Information über die Veränderung eines vorgegebenen Maßes hat die Angabe des Verschleißmaßes ΔR den Vorteil, bei Vergleich von Werkstoffen unterschiedlicher Dichte, z. B. Stahl mit Aluminium oder Titan, Fehlinterpretationen zu vermeiden, die bei der Gegenüberstellung der Gewichtsverlust ΔG leicht eintreten könnten.

Für die weitere Versuchsdurchführung ist es außerdem von Interesse, wie oft und zu welchen Zeitpunkten der Verschleiß gemessen werden soll. In Bild 36 sind die Ergebnisse für den Verschleiß ΔR und die Reibungszahl μ nach einem Laufweg von 35 km bei unterschiedlicher Meßwertermittlung gegenübergestellt. Im Falle A wurde der Versuchsablauf nach einem Laufweg von jeweils fünf Kilometern unterbrochen und der Verschleißbetrag ΔR bestimmt. Das in Bild 36 angegebene Ergebnis ist die Summe der Einzelverschleißbeträge. Im Falle B erfolgte die Messung allein nach einem Laufweg $l_w$ = 35 km. Da die Unterschiede für Verschleiß und Reibungszahl im Bereich der Standardabweichung liegen, reicht bei den weiteren Versuchen die Meßwerterfassung am Ende des Versuches aus, da hier der Gefügeeinfluß auf das Reibungs- und Verschleißverhalten der verschiedenen Werkstoffpaarungen im Dauerbetriebszustand zur Bewertung kommen soll und nicht die Startvorgänge.

### 6.3.4. Variation der Einflußgrößen

Am Beispiel der in der eisenbahntechnischen Praxis eingesetzten Werkstoffpaarung Treibradstahl M 80/Schienenstahl VA sollen die Auswirkungen von Veränderungen der Beanspruchungsparameter und der Struktur des zu untersuchenden Wälzreibungssystems bei hinreichend langen Versuchszeiten erfaßt werden, um so die Anzahl der variablen Einflußgrößen für die Hauptversuchsreihen weitestgehend einschränken zu können.
Da die mechanisch-chemischen Grenzschichtvorgänge für unlegierte Stähle bei dieser Wälzreibungsbeanspruchung durch die grundlegenden Arbeiten von Bugarcic und Krause hinreichend geklärt sind /3, 19, 20/, genügt hier eine makroskopische Betrachtung durch Erfassung der Verschleißbeträge und der Reibungszahlen, ergänzt durch Analysen der angefallenen Verschleißpartikel.

Die Verschleißbeträge für den treibenden Prüfkörper aus M 80 und den bremsenden aus VA nehmen im untersuchten Bereich mit steigender Normalkraft überproportional zu, während die Reibungszahl nur geringfügig ansteigt, Bild 37.

Die Anhebung der Grunddrehzahl $n_b$ von 200 $min^{-1}$ um 50 % auf 300 $min^{-1}$ verursacht bei gleichem Laufweg eine Zunahme des Verschleißes von ca. 10 %, die Reibungszahlen, ermittelt aus den Drehmomentmeßwerten am Versuchsende, fallen dagegen um ca. 20 % ab, Bild 38.

Im Bereich von 0 bis 1,0 % bedeutet zunehmender Schlupf auch einen linearen bzw. degressiven Anstieg sowohl der Verschleißbeträge als auch der Reibungszahl, Bild 39.

Ein Anstieg der Feuchtigkeit der Umgebungsluft, gekennzeichnet durch den Wasserdampfpartialdruck $p_D$, verursacht eine degressive Abnahme von Verschleiß und Reibungszahl, Bild 40.

Die Bedeutung der eingesetzten Werkstoffe für den Verlauf der Reibungszahl als Funktion der Normalkraft ist in Bild 41 zu erkennen. Gleichfalls wird deutlich, daß sich die durch unterschiedliche Wärmebehandlung erzielten Sekundärgefüge des Stahles Ck 45 bemerkbar machen. Da jedoch mit diesen verschiedenen Gefügeausbildungen gleichzeitig auch unterschiedliche Festigkeitseigenschaften des Stahls verbunden sind, ist auch hier wie in den einleitend vorgestellten Untersuchungsergebnissen keine eindeutige Aussage möglich, welcher dieser beiden Faktoren - Festigkeit oder Gefüge - die abweichenden Kurvenverläufe überwiegend bestimmt.

Die Auswirkung auf das Verschleißverhalten des Wälzreibungssystems, die allein der Einsatz eines anderen Werkstoffes für einen der beiden Prüfkörper hervorruft, ist anhand des Bildes 42 zu erkennen. In der einen Gruppe ist M 80 als Werkstoff des treibenden Prüfkörpers beibehalten worden; als weitere Werkstoffe für den bremsenden Prüfkörper kamen neben VA die Schienenstähle SN und B 2 zum Einsatz. In der zweiten Gruppe wurden die Radreifenstähle BV 1 und VBV als weitere Werkstoffe für den treibenden Prüfkörper hinzugenommen, während der bremsende Körper hier immer aus VA bestand. Die in Bild 42 mitangegebenen Zugfestigkeitswerte bestätigen nochmals, daß die mechanischen Werkstoffkennwerte keine Vorhersagen über das Verschleißverhalten eines Wälzreibungssystems zulassen. Außerdem muß man auch hier mit einem überlagerten, nicht zu differenzierenden Einfluß von Festigkeit und Gefügeausbildung rechnen, da die eingesetzten Stähle zum Teil ein ferritisch-perlitisches, ein überwiegend perlitisches bzw. ein Vergütungsgefüge aufweisen.

Die Zusammensetzung der Verschleißpartikel, angefallen in mehreren Einzelversuchen bei unterschiedlicher Schlupfeinstellung, ansonsten aber gleicher Versuchsdurchführung ($F_N$ = 700 N; $p_D$ = 4000 Pa; $l_W$ = 35 km), zeigt für die Werkstoffpaarung M 80/VA keine Abhängigkeit vom Schlupf, Bild 43, wie Krause sie für unlegierten Kohlenstoffstahl, allerdings in sehr trockener Umgebungsatmosphäre ($p_D \leq$ 80 Pa), gefunden hat /89/. Man muß dabei berücksichtigen, daß die Nachweisgrenze des röntgenographischen Debye-Scherrer-Verfahrens bei ca. 10 % liegt.

## 6.4. Durchführung der Hauptversuche

Aufgrund der bisherigen Ergebnisse zum Wälzreibungs- und Verschleißverhalten tribologischer Systeme bei technisch trockener Reibung (siehe Kapitel 5) und den umfangreichen Vorversuchsreihen (Punkt 6.3.) können die Hauptversuche im wesentlichen bei konstanten Beanspruchungsparametern durchgeführt werden. Dies ermöglicht es, die Auswirkungen von Veränderungen innerhalb der Struktur des Wälzreibungssystems, hier insbesondere der Werkstoffe für die Elemente Grundkörper und Gegenkörper, auf den Gefügeeinfluß mit einer genügend großen Anzahl neuentwickelter Vergütungsstähle in verschiedenen Wärmebehandlungszuständen zu untersuchen. Der chronologische Versuchsablauf ist in Tabelle 9 zusammengefaßt.

Die Parameter des Einlaufs entsprechen denen, die sich in den vorausgegangenen Untersuchungen von Bugarcic und Krause /3, 19, 20/ bewährt haben. Aus Gründen der Vergleichbarkeit mit früheren Untersuchungen wird die überwiegende Mehrzahl der Versuche mit der Grunddrehzahl $n_b$ = 200 $min^{-1}$ durchgeführt. Der Einfluß der Absolutgeschwindigkeit durch Steigerung der Grunddrehzahl auf $n_b$ = 300 $min^{-1}$ gelangt in einer gesonderten Versuchsreihe zur Untersuchung (s. Punkt 6.7.1.2.).

Der Wasserdampfpartialdruck beträgt bei den Hauptversuchen einheitlich $p_D$ = 4000 Pa. Diesem entspricht zwar bei einer mittleren Temperatur in der Klimakammer von ca. 30° C eine relative Luftfeuchtigkeit von 95 %, diese sinkt jedoch wegen der Erwärmung der Prüfkörper auf 42 ÷ 44° C im laufflächennahen Bereich auf ca. 45 % ab /3/, so daß die gewonnenen Ergebnisse tatsächlich für eine mittlere, sehr viel häufiger anzutreffende Umgebungsluftfeuchtigkeit gelten.
Die Schlupfmodulation dient der weitgehenden Vermeidung der unliebsamen Riffelbildung. Der Laufweg $l_w$ ist auf 40 km festgesetzt, um den Einfluß möglicher Unterschiede im anfänglichen Reibungs- und Verschleißverhalten sicher auszuschließen und zuverlässige Ergebnisse für einen Dauerbetriebszustand zu erhalten. Für jeden Versuch wurden immer neue Prüfkörper mit gleichen Abmessungen eingesetzt:

$$d_t = 52{,}00 \text{ mm};\ d_b = 50{,}98 \text{ mm};\ b_t = b_b = 8{,}0 \text{ mm}.$$

## 6.5. Grenzschichtvorgänge bei der gewählten Versuchsdurchführung

Da die Information über die in den Grenzschichten metallischer Festkörper bei Beanspruchung durch Wälzreibung ablaufenden Vorgänge bisher zum einen nicht geschlossen für eine Werkstoffkombination und zum anderen nicht bei Dauerbeanspruchung vorliegen, sind diese für die Werkstoffpaarung M 80/VA unter den gewählten Bedingungen der nachfolgenden Hauptversuche in Bild 44 zusammengefaßt.

Der Verlauf der Reibungszahl weist das charakteristische Maximum unmittelbar nach Einwirkung der Beanspruchungsparameter des Hauptversuchs auf. Der erste Abrieb verursacht durch eine Art Schmierwirkung ein kurzzeitiges Minimum, anschließend erreicht die Reibungszahl einen konstant bleibenden Endwert.

Der Verschleiß steigt für beide Prüfkörper annähernd linear mit dem Laufweg an. Daß hier der Verschleiß des bremsenden Prüfkörpers (VA) größer als der des treibenden (M 80) ist, ist keine Systemeigenschaft dieser Modellversuche, sondern eine Eigenschaft der Werkstoffpaarung M 80/VA, wie bereits in den Voruntersuchungen zur Verschleißmessung (Punkt 6.3.3.) deutlich wurde.

Die Härte der Prüfkörperlaufflächen steigt unmittelbar bei Einwirkung der Tangentialkraft an und strebt asymptotisch einem Endwert zu. Dieser hängt von der jeweiligen Werkstoffpaarung ab und kann mehr als das Doppelte des Ausgangswertes betragen.

Die Rauheit der Laufflächen steigt vergleichbar der Härte mit Einwirkung der Tangentialkraft an und erreicht einen von den Beanspruchungsparametern abhängenden Wert.

Textur- und Eigenspannungsausbildung sind (für die Werkstoffpaarung Ck 45/Ck 45) der Vollständigkeit halber mitangegeben. Der Texturparameter $\Phi$ als Verhältnis der normierten Intensitäten an charakteristischen Stellen einer Polfigur erreicht nach ca. 17 km Laufweg den Wert von 1, was der erreichbaren Endtextur entspricht.
Die Bedeutung der Eigenspannung ist daran zu ermessen, daß Werte erreicht werden, die deutlich über der Streckgrenze des verwendeten Werkstoffes liegen können ($\sigma_S$ von Ck 45 = 300 N/mm$^2$).

## 6.6. Versuchswerkstoffe

Der Zielsetzung der vorliegenden Arbeit entsprechend kommen im wesentlichen niedrig legierte, vergütbare Kohlenstoffstähle zum Einsatz.
Bevor auf die neuentwickelten Stähle im einzelnen eingegangen wird, seien zur Verdeutlichung des beschrittenen Weges einige grundsätzliche Betrachtungen vorangestellt, die die Möglichkeiten zur Beeinflussung der Eigenschaften dieser Stahlsorten zum Inhalt haben und außerdem die bisher bekannten Ergebnisse sowie die in den Vorversuchsreihen zusätzlich gewonnenen Informationen über das Reibungs- und Verschleißverhalten bei Wälzbeanspruchung berücksichtigen.

### 6.6.1. Metallkundliche Grundlagen

Der Kohlenstoff ist das wichtigste Legierungselement für diese Stähle; er beeinflußt am stärksten solche Eigenschaften wie Festigkeit, Vergüt- und Härtbarkeit, Schmiedbarkeit, Schweißbarkeit usw. Das Eisen-Kohlenstoffdiagramm, Bild 45 /4/, gibt die sich mit steigendem Kohlenstoffgehalt ändernde Lage der Umwandlungslinien, die jeweiligen Phasenbestandteile bei sehr langsamer Abkühlung und schließlich die verschiedenen

Gefügezusammensetzungen bei Raumtemperatur im Gleichgewichtszustand an.
Der Kohlenstoff ist dabei im Zementit (Eisenkarbid $Fe_3C$) gebunden, der in den einzelnen Gefügeausbildungen sehr unterschiedlich in Erscheinung tritt.
In der eutektoiden Zusammensetzung von Eisen und Kohlenstoff (C = 0,8 %) bildet sich Perlit, ein feines Gemenge nebeneinanderliegender Lamellen aus α-Mischkristallen (Ferrit) und Zementit.

Bei geringen Kohlenstoffgehalten im Eisen erhält man ein Ferrit-Perlit-Gefüge, α-Mischkristalle und Perlitbereiche wechseln sich ab oder aber der Perlit befindet sich hauptsächlich an den Korngrenzen des Ferrits. Außerdem sind - nicht immer sichtbar im Schliffbild - Tertiärzementitausscheidungen entlang der Korngrenzen vorhanden.
Übereutektoide Stähle (C > 0,8 %) weisen im allgemeinen ein perlitisches Grundgefüge auf, das an den Austenitkorngrenzen mit meist grobem Sekundärzementit belegt ist.
Durch gezielte Wärmebehandlung (Glühen, Härten, Vergüten) können diese Gefügebestandteile z. B. in Sorbit, Troostit, Bainit oder Martensit umgewandelt werden, womit auch wiederum eine veränderte Karbidverteilung einhergeht. Die feinste Karbidverteilung ergibt sich beim Anlassen des Martensits nach vollständiger martensitischer Härtung.
Doch auch bei unvollständiger Härtung in der Zwischenstufe bzw. in der unteren Perlitstufe können sich Gefüge mit sehr feinen Karbidverteilungen ergeben, die den Verteilungen, die beim Anlassen des Martensits entstehen, in ihrer Wirkung auf die Eigenschaften nur wenig nachstehen /112/.
Insgesamt kann man also davon ausgehen, daß die technologischen Eigenschaften unlegierter Stähle auf einen überlagerten Einfluß des Grundgefüges und der Art und Verteilung der enthaltenen Karbide zurückzuführen sind.

Die große Bedeutung der Karbidphasen auch für das Verschleißverhalten metallischer Werkstoffe innerhalb eines tribologischen Systems ist an der ständig steigenden Verwendung anderer Metallkarbide zu erkennen, die den Zementit (HV = 11000 N/mm$^2$) an Härte und Festigkeit teilweise noch weit übertreffen, z. B. Chromkarbid ($Cr_7C_3$; HV = 12000 ÷ 16000 N/mm$^2$), Wolframkarbid (WC; HV = 24000 N/mm$^2$), Vanadiumkarbid (HV = 28000 N/mm$^2$) oder Titankarbid (TiC; HV = 32000 N/mm$^2$).
Die Auswirkung der je nach Gefügezustand unterschiedlichen Zementitausbildung auf das Reibungs- und Verschleißverhalten unlegierter Stähle bei Wälzbeanspruchung war auch deutlich in den Vorversuchsreihen festzustellen (Bild 41, Bild 42).
Dabei konnte jedoch keine eindeutige Aussage gemacht werden, ob die primäre Bedeutung der Menge und Art der Karbidverteilung im Grundgefüge beizumessen ist oder aber den davon ebenfalls bestimmten, unterschiedlichen mechanischen Festigkeitseigenschaften.

Die großen Schwierigkeiten, die bei dem Versuch einer Unterscheidung der Auswirkungen von Gefüge und Festigkeit auf das Verschleißverhalten z. B. wärmebehandelter Stähle auftreten, sind auch aus der Literatur bekannt /113, 114/.

Zur exakten Klärung des Gefügeeinflusses auf das Verschleißverhalten sollen die hier einzusetzenden Stähle daher bei gleicher mechanischer Festigkeit unterschiedliche Sekundärgefüge und damit unterschiedliche Karbidverteilungen aufweisen. Diese Forderung ist für niedriglegierte Kohlenstoffstähle nur durch unterschiedliche chemische Zusammensetzung zu erreichen, da unterschiedliche Abkühlungsbedingungen des gleichen Stahles zu unterschiedlichen Gefügen, gleichzeitig aber auch zu unterschiedlichen Festigkeitseigenschaften führen (Bild 41).

Ebenso kann die Bedeutung der Festigkeit für das Verschleißverhalten nur dann genau erfaßt werden, wenn die Festigkeitswerte bei gleicher Gefügeausbildung und Legierungsbasis vorliegen. Diese Forderung ist am besten über einen Vergütungsprozeß zu erfüllen, da mit der Wahl der Anlaßtemperatur eine viel breitere Spanne für die Karbidverteilung und damit auch für die Festigkeits- und Zähigkeitswerte überdeckt werden kann, als es die Umwandlung in Perlit, Sorbit und Troostit ermöglicht /112, 115 ÷ 117/.

Die Legierungselemente beeinflussen sowohl das Umwandlungsverhalten von Kohlenstoffstählen als auch die sich im Gefüge einstellende Karbidverteilung.
So kann einmal der Bereich des Austenits ($\gamma$-Gebiet in Bild 45) erweitert, andererseits aber auch verengt werden. Eine Erweiterung wird vor allem von mischkristallbildenden Elementen verursacht, wobei man noch zwischen solchen unterscheidet, die eine unbeschränkte Bildung homogener Mischkristalle ermöglichen (Nickel, Mangan) und solchen, die zu einer Begrenzung durch heterogene Gebiete führen (Kohlenstoff, Kupfer). Eine Verengung des $\gamma$-Gebietes erfolgt durch Zulegieren von sonderkarbidbildenden Elementen. Hier kann einmal ein vollständig geschlossenes $\gamma$-Feld auftreten (Chrom, Molybdän, Wolfram, Vanadin, Titan) oder ein verengtes Feld, das durch heterogene Gebiete begrenzt ist (Niob, Tantal, Cer).

Die Elemente der ersten Gruppe führen außerdem zu einer Herabsetzung der $A_3$-Temperaturen und auch zu einer Verringerung der kritischen Abkühlgeschwindigkeiten des Stahles, was eine bessere Härtbarkeit des Stahles zur Folge hat, besonders ausgeprägt bei Nickelzusätzen.
Auch in der zweiten Gruppe, den sonderkarbidbildenden Elementen, ist häufig eine starke Neigung zur Mischkristallbildung vorhanden (Chrom), so daß diese Elemente sowohl die Struktur des Grundgefüges als auch die Karbidverteilung deutlich verändern.
Vielfach ist das Zwischenstufengefüge (Bainit) als charakteristische Erscheinungsform zu verzeichnen, wobei die Karbide eine andere Zusammensetzung als z. B. in der oberen Perlitstufe haben. So treten Mangan, Chrom, Molybdän bei geringen Gehalten an Stelle von Eisen in das Eisenkarbid ein und bilden Mischkristalle der Form $(Fe,Me)_3C$; bei höheren Gehalten (> 3 %) bilden Chrom und Molybdän selbständige Karbide. Vanadium, Titan u. a. dagegen bilden auch schon bei geringsten Zusätzen sehr stabile selbständige Karbide, die sich durch sehr schwere Löslichkeit im Austenit auszeichnen /112, 115 ÷ 117/.

Diese skizzierten Möglichkeiten zur Beeinflussung der Stahleigenschaften über Legierungselemente und Wärmebehandlung wurden bei den hier neu entwickelten Versuchsstählen genutzt.

Wie die Vorversuchsreihen ergeben haben, wird das Verschleißverhalten eines Stahles innerhalb eines Wälzreibungssystems auch davon bestimmt, ob er als Werkstoff für den treibenden oder den bremsenden Prüfkörper eingesetzt ist.
Daher erfolgt hier eine Unterscheidung in Stähle für treibende Prüfkörper und Stähle für bremsende Prüfkörper.

### 6.6.2. Stähle für antreibende Wälzkörper+)

Die als Werkstoffe für antreibende Wälzkörper im allgemeinen bzw. hier speziell für die treibenden Prüfkörper der Wälzreibungsprüfmaschinen vorgesehenen Stähle sind in Tabelle 10 nach den für sie charakteristischen Legierungselementen in vier Gruppen eingeteilt. Die darin enthaltenen Prozentanteile geben die angestrebten Richtwerte bzw. Sollwerte an; die vollständigen und exakten Analysen sind der Tabelle 11 zu entnehmen.

In der Gruppe V sind die Vergleichsstähle auf C-Mn-Basis zusammengefaßt. Die chemische Zusammensetzung entspricht den Vorschriften des Internationalen Eisenbahnverbandes für Radreifen, die in dieser Arbeit als Bezugswerkstoffe dienen.

Der Stahl VL stimmt mit dem Wagenradreifenstahl BV 2 gemäß UIC 810-1 V überein, der Stahl VT mit dem Treibradstahl M 80 gemäß UIC 853-1 V (siehe auch Punkt 6.3.1.).

Alle neuentwickelten Stähle der verbleibenden drei Gruppen weisen als gemeinsames Kennzeichen einen geringeren Prozentsatz an Kohlenstoff auf als die Vergleichsstähle. Diese Absenkung erfolgte aufgrund der Untersuchungen von H. Krause, der im Gegensatz zur Gleitreibung bei Wälzbeanspruchung einen Anstieg des Verschleißes mit steigenden Kohlenstoffgehalten ermittelt hatte (Bild 24) /20/.

Die Gruppe M auf C - Mn - Si -Basis ist gekennzeichnet durch die gleichbleibenden Mangan- und Siliziumanteile von etwa 1 %. Der Kohlenstoffgehalt nimmt von MA bis MD sowie ME stetig ab. Dem damit verbundenen Festigkeitsverlust wird

---

+) Alle Stähle dieser Gruppe hat die Thyssen-Henrichshütte GmbH, Hattingen (Versuchsanstalt, Dr. K. Forch), zur Verfügung gestellt; dort wurden auch die Wärmebehandlungen durchgeführt sowie die chemischen Zusammensetzungen und die mechanischen Eigenschaften ermittelt.

einmal durch die gegenüber den Vergleichsstählen Mn- und Si-Anteile entgegengewirkt und andererseits durch das Zulegieren des Sonderkarbidbildners Vanadium für die Stähle MA bis MD bzw. durch Chrom und Molybdän beim Stahl ME.

Charakteristisch für die Gruppe N sind die Legierungselemente C - Mn - Ni. Bei konstanten Anteilen an Kohlenstoff, Mangan und nahezu auch Silizium nimmt der Gehalt des vor allem die Mischkristallhärtung und Einhärtetiefe fördernden Elementes Nickel von 0,7 % im Stahl NA bis auf 3,0 % bei NE zu. Der Stahl NF unterscheidet sich von NE nur durch einen geringeren Kohlenstoffgehalt sowie einen Zusatz von 0,3 % Molybdän.

Die Eigenschaften der Stähle in Gruppe C mit Kohlenstoffgehalten unter 0,2 % (außer CB mit 0,25 % C) werden von den Elementen C - Mn - Mo, ein Teil durch weitere Zusätze an Chrom und Nickel, also insgesamt von C - Mn - Mo - Cr - Ni bestimmt.

Über einen Vergütungsprozeß sollten diese Stähle mit unterschiedlicher Gefügeausbildung in zwei Festigkeitsstufen vorliegen. In Anlehnung an die heute üblichen Werte der Vergleichsstähle wurde für die erste Stufe ein Bereich der Zugfestigkeit von 850 bis 950 N/mm$^2$ angestrebt, in der zweiten Stufe betrug der Richtwert 1100 N/mm$^2$.
Je nach Legierungsbasis konnte die Härtung in Öl oder mußte im schroffer wirkenden Wasserbad erfolgen. Die Anlaßtemperaturen lagen für die erste Festigkeitsstufe überwiegend zwischen 550 und 650$^\circ$ C, für die zweite Stufe um 450$^\circ$ C. Tabelle 12 gibt Auskunft über die genauen Wärmebehandlungsdaten der einzelnen Stähle. In Tabelle 13 sind die genauen Werte für die Zugfestigkeit $\sigma_B$ und für die Streckgrenze $\sigma_S$ sowie die nach dem Härtevorgang im Schliffbild festgestellten Gefügeanteile angegeben. Dabei sind die verschiedenen Zustände der Stähle durch die Indizierung gemäß Tabelle 14 kenntlich gemacht.

Neben diesen generellen Festigkeitsstufen I und II wurden zur weitergehenden Untersuchung des Zusammenhanges zwischen Festigkeit und Verschleißverhalten an ausgewählten Stählen durch geänderte Wärmebehandlung (Tabelle 15) zusätzliche Festigkeitsstufen eingestellt. Tabelle 16 gibt analog zu Tabelle 11 eine Übersicht der erzielten Festigkeitswerte und Gefügeanteile. Die vollständigen mechanischen Eigenschaften aller Variationen der Stähle für treibende Prüfkörper sind in Tabelle 17 zusammengestellt.

### 6.6.3. Stähle für bremsende Wälzkörper+)

Als Werkstoffe für den bremsenden Prüfkörper der Wälzreibungsprüfmaschinen kamen fünf niedriglegierte Kohlenstoffstähle mit Zugfestigkeitswerten zwischen 900 und 1400 $N/mm^2$ zum Einsatz. In Tabelle 18 sind in einer Übersicht die wichtigsten Legierungselemente und Festigkeitswerte sowie die Gefügeanteile zusammengefaßt. Vollständige Angaben enthalten die Tabellen 19 und 20.

Der Vergleichsstahl VA entspricht wiederum den Lieferbedingungen des Internationalen Eisenbahnverbandes für unvergütete Schienenstähle in verschleißfester Güte A (UIC 860-V). Entsprechend den Abkühlbedingungen aus der Walztemperatur an ruhender Luft weist der Stahl bei dem Kohlenstoffgehalt von 0,63 % ein perlitisches Sekundärgefüge auf.

Als ein wesentliches Kennzeichen der neuentwickelten Stähle der Gruppe L sind die gegenüber dem Vergleichsstahl VA zum Teil wesentlich erhöhten mechanischen Eigenschaften zu nennen, die bei sehr unterschiedlicher Legierungsbasis erreicht werden. Bei den perlitischen Stählen LA und LB mit Kohlenstoffgehalten um 0,7 % tragen jeweils unterschiedliche Anteile an Mangan und Chrom gemeinsam zu der erhöhten Festigkeit bei.

Die Absenkung des Kohlenstoffgehaltes auf 0,28 % bei dem Stahl LD erfordert bereits einen wesentlich höheren Chromanteil (Cr = 2,65 %) zur Erzielung der hohen Werte für Zugfestigkeit und Streckgrenze. Ohne Vergütungsprozeß stellt sich bei normaler Abkühlung ein Zwischenstufengefüge ein.

Bei dem kohlenstoffarmen Stahl LE (C = 0,08 %), ebenfalls mit Zwischenstufengefüge, ist allein Mangan mit einem Anteil von 4,60 % Träger der Festigkeitseigenschaften.

---

+) Die Firma Klöckner-Werke AG, Osnabrück (Dr. Körfer), stellte den Vergleichswerkstoff VA, die Fried. Krupp Hüttenwerke AG, Werk Rheinhausen (Dr. Heller), die neuentwickelten Stähle der Gruppe L zur Verfügung.

## 6.7. Ergebnisse der Hauptversuchsreihen

Alle nachfolgend aufgeführten Ergebnisse stellen Mittelwerte aus mindestens zwei identischen Einzelversuchen dar, bei denen die prozentuale Standardabweichung der Verschleißbeträge weniger als zehn Prozent beträgt.

Die Beurteilung des Verschleißverhaltens der Kohlenstoffstähle bei Beanspruchung durch technisch trockene Wälzreibung orientiert sich in erster Linie am Gesamtverschleißbetrag $\Sigma\Delta R$ der jeweiligen Paarung.
Doch auch die im zweiten Schritt erfolgende Unterteilung in die Einzelverschleißbeträge des treibenden ($\Delta R_t$) und des bremsenden ($\Delta R_b$) Prüfkörpers ist von großer Bedeutung. Einmal bildet sie die Grundlage für eine optimale Werkstoffauswahl, z. B. unter dem Gesichtspunkt, welcher der beiden Festkörper eines Wälzreibungssystems aus technischen und/oder wirtschaftlichen Gründen mehr bzw. weniger Verschleiß aufweisen soll oder darf. Zum anderen lassen sich anhand der Einzelverschleißbeträge die Auswirkungen von Systemveränderungen (wie hier der Gefügeausbildung der eingesetzten Werkstoffe) zum Teil wesentlich besser verfolgen und analysieren als bei alleiniger Beachtung des Gesamtverschleißbetrages. Durch die Variation einer Einflußgröße ist z. B. eine Verlagerung des größeren Verschleißbetrages vom treibenden auf den bremsenden Körper eines Wälzreibungssystems oder umgekehrt möglich, ohne daß damit eine Veränderung des Gesamtverschleißbetrages verbunden sein muß.

Das wichtigste Ergebnis für die praktische Anwendung bildet die Feststellung, ob die neuentwickelten Kohlenstoffstähle geringere oder aber höhere Verschleißbeträge aufweisen als die bereits seit langem in der Praxis eingesetzten Vergleichsstähle.
Neben diesem rein phänomenologisch gewonnenen Ergebnis sollen in der vorliegenden Arbeit jedoch vorrangig Zusammenhänge zwischen den gemessenen Verschleißbeträgen und den technologischen Eigenschaften, insbesondere der Gefügeausbildung, der eingesetzten Werkstoffe aufgezeigt bzw. gesucht werden, die eine gewisse Allgemeingültigkeit besitzen.

Aus der Sicht des Konstrukteurs oder Anwenders interessieren hauptsächlich Zusammenhänge mit solchen Eigenschaften, die bereits beim Einkauf des Werkstoffes aufgrund anderer Prüfungsverfahren bekannt sind, also chemische Zusammensetzung, mechanische Eigenschaften, Gefügeausbildung, oder die am fertigen Bauteil vor der eigentlichen Beanspruchung meßtechnisch (auf zerstörungsfreiem Wege) zu erfassen sind, wie Härte oder Rauheit der Oberflächen.

Eine Untersuchung des Zusammenhangs von Verschleißbetrag und der indirekt über die Reibungskraft oder das Reibungsmoment bestimmbaren Reibungszahl $\mu$ sowie der Erscheinungsform des Verschleißes nach der Beanspruchung (Zusammensetzung der Verschleißpartikel, Oberflächenveränderungen, Kaltverfestigung, plastische Verformung, Gefügeveränderungen usw.) dient im wesentlichen der Erklärung und Interpretation der Ergebnisse. Daraus können dann möglicherweise Richtlinien oder Maßnahmen zur nachträglichen Verbesserung des betreffenden Systems abgeleitet werden.

Eine Beurteilung der verschiedenen Werkstoffpaarungen aufgrund der hier durchgeführten Versuche kann sich nicht streng nach der Reihenfolge der gemessenen Verschleißbeträge richten; angebrachter dürfte eine gruppenweise Betrachtung sein, wo die Werkstoffpaarungen etwa nach dem Schema "geringer, mittlerer oder hoher" Verschleißbetrag klassifiziert werden.

Da allein in diesen Hauptversuchsreihen mehr als 50 verschiedene Werkstoffpaarungen zur Untersuchung gelangten, werden die Verschleißbeträge nachfolgend in allen Diagrammen immer im gleichen Maßstabe angegeben, auch wenn in einigen Fällen bei sehr großen oder sehr kleinen Werten eine Anpassung der Darstellung angebracht erschiene. Insgesamt führt diese Maßnahme jedoch zu einer guten Gesamtübersicht und erleichtert den Vergleich der nach verschiedenen Gesichtspunkten geordneten Ergebnisse.

Im Sinne der systematischen Analyse von Verschleißvorgängen sind die Hauptversuchsreihen in zwei Abschnitte aufgeteilt. Im ersten wird als einziger Parameter bei Konstanz aller übrigen allein der Werkstoff des treibenden Prüfkörpers variiert (Punkt 6.7.1.).
Ergänzend wird in einem Unterabschnitt (Punkt 6.7.1.2.) außerdem durch Erhöhung der Prüfkörperdrehzahl von 200 $min^{-1}$ auf 300 $min^{-1}$ überprüft, inwieweit die Rangfolge der Werkstoffpaarungen in verschiedenen Geschwindigkeitsstufen erhalten bleibt, da diese Frage in den Vorversuchsreihen nicht hinreichend zu klären war.

Im zweiten Abschnitt gelangen dann neben VA vier weitere Stähle als Werkstoffe für den bremsenden Prüfkörper zum Einsatz (Punkt 6.7.2.). Die treibenden Prüfkörper bestehen dabei aus ausgesuchten Stählen des ersten Abschnittes, so daß bei sonst gleichen Versuchsbedingungen immer ein unmittelbarer Vergleich der Ergebnisse möglich ist.

### 6.7.1. Ergebnisse bei alleiniger Variation des Werkstoffes der treibenden Prüfkörper

In den nachfolgend beschriebenen Versuchsreihen wurde bei ansonsten konstanten Versuchsbedingungen allein der Werkstoff des treibenden Prüfkörpers verändert, der bremsende bestand immer aus dem Vergleichsstahl VA.
Die genauen Zahlenwerte über den Verschleiß dieser Werkstoffpaarungen, nach steigendem Gesamtverschleiß $\Sigma\Delta R$ geordnet und durchnumeriert, sind der Tabelle 21 zu entnehmen. Entsprechend den einleitenden Überlegungen ist dort auch eine Unterteilung in sechs "Verschleißgruppen" vorgenommen, innerhalb

derer die einzelnen Werkstoffpaarungen als gleichwertig anzusehen sind, Tabelle 22.
In einigen Ergebnisdiagrammen, die mehr auf generelle Zusammenhänge als auf Ergebnisse spezieller Stahlkombinationen abzielen, werden der besseren Übersicht wegen zum Teil allein die Nummern der Werkstoffpaarungen nach Tabelle 21 aufgeführt.

6.7.1.1. Zusammenhang von Verschleißbetrag und allgemeinen Werkstoffkennwerten

Zur Untersuchung des Zusammenhangs von Verschleiß und den vor der Beanspruchung bekannten Werkstoffeigenschaften (Volumeneigenschaften im Sinne der Systemanalyse, Bild 13) werden die gemessenen Verschleißbeträge jeweils der chemischen Zusammensetzung, den mechanischen Eigenschaften sowie der Gefügeausbildung getrennt und ohne gleichzeitige Berücksichtigung der anderen Werkstoffeigenschaften gegenübergestellt. Auch wenn man diese Eigenschaften immer in ihrer Gesamtheit zu berücksichtigen hat, soll dieser Versuch einer Differenzierung helfen, die Möglichkeiten der Einflußnahme auf das Verschleißverhalten eines Wälzreibungssystems durch die Wahl der Legierungselemente sowie der Wärmebehandlung und damit der Gefügeausbildung der Vergütungsstähle zu ermitteln.

6.7.1.1.1. Zusammenhang von Verschleißbetrag und Legierungselementen

In Bild 46 sind die Ergebnisse der Verschleißmessungen aus den Versuchsreihen mit den Stählen für antreibende Wälzkörper in der Festigkeitsstufe I ($\sigma_{B,I}$ = 850 - 950 N/mm$^2$), geordnet nach den vier charakteristischen Werkstoffgruppen V, M, N und G (s. Tabelle 10), zusammengestellt.

Unmittelbar auffallend sind zunächst die erheblichen Unterschiede in den Verschleißbeträgen der nominell gleichwertigen Werkstoffpaarungen aus unlegierten Kohlenstoffstählen. So beträgt der höchste Gesamtverschleißbetrag ($\Sigma\Delta R = \Delta R_t + \Delta R_b$) mehr als das Zwanzigfache des geringsten. Ebenso verdeutlicht die getrennte Auftragung der Einzelverschleißbeträge $R_b$ der hier immer aus dem Vergleichsstahl VA bestehenden bremsenden Prüfkörper im unteren Teil des Bildes 46, daß man das Verschleißverhalten nicht als spezifische Werkstoffeigenschaften, sondern immer nur im Rahmen des gesamten Reibungssystems zu verstehen hat.
Weiterhin ist hervorzuheben, daß beide Vergleichsstahlpaarungen (VL/VA und VT/VA) zu denen gehören, die die höchsten Verschleißraten aufweisen. Daher dürften diese Untersuchungen mit den neuentwickelten Stählen erhebliche Verbesserungsmöglichkeiten für das Verschleißverhalten solcher Wälzreibungssysteme bieten.

In der Gruppe V (Vergleichsstähle auf C-Mn-Basis) liegt der Gesamtverschleiß der Kombination VT/VA deutlich über dem der Paarung VL/VA. Dabei sind die Beträge der treibenden Prüfkörper von gleicher Größenordnung, während sich der Verschleiß der beiden bremsenden Prüfkörper aus dem Vergleichsstahl VA etwa um einen Faktor 2 unterscheidet. Der höhere Kohlenstoffgehalt des Stahles VT zusammen mit dem Chromgehalt von 0,2 % und der daraus zu erwartenden Mischkarbidbildung der Form $(Fe, Cr)_3C$ wirken sich offenbar nachteilig auf den Verschleiß des Gegenkörpers aus.

Die stufenweise Verringerung des Kohlenstoffgehaltes in der Gruppe M bei konstanten, gegenüber den Vergleichsstählen jedoch erhöhten Mangan- und Siliziumanteilen von ca. 1,0 % führt bei den Paarungen mit den Stählen MA und MB zu keiner Verbesserung des Verschleißverhaltens, die Beträge entsprechen größenordnungsmäßig denen der Vergleichswerkstoffe. Die geringen Zusätze des Sonderkarbidbildners Vanadium treten nicht in Erscheinung.

Deutlich geringere Verschleißbeträge weisen dann aber die Paarungen mit den Stählen MD und ME auf, die nur noch 0,25 % Kohlenstoff enthalten. Die Auswirkung des nun 0,15 % betragenden Vanadium-Anteiles im Stahl MD auf die Form und Verteilung der Karbide scheint der Wirkung der Anteile von 0,75 % Chrom und 0,40 % Molybdän im Stahl ME zu entsprechen, der kein Vanadium enthält.
In dieser Gruppe wirkt sich also der erhöhte Anteil des Mangans (Mischkristallbildner), der den Festigkeitsverlust durch das Absenken des Kohlenstoffgehaltes ausgleichen soll, zunächst negativ aus. Erst ein größerer Anteil der sonderkarbidbildenden Legierungselemente führt zu einer Verringerung des Verschleißes, was allerdings auch in Zusammenhang mit dem weiter erniedrigten Kohlenstoffgehalt zu sehen ist.

Bei den Stählen der Gruppe N, deren Mangan- und Silizium-Gehalte mit denen der Vergleichsstähle übereinstimmen, ist bei konstantem Kohlenstoffanteil von 0,45 % die Erhöhung des Mischkristallbildners Nickel bis zu einem Betrag von 1,5 % mit steigendem Verschleiß verbunden. Erst die Werkstoffkombination mit dem Stahl NE, der bereits über einen Nickelgehalt von 3 % verfügt, zeigt wesentlich geringere Verschleißbeträge. Bei gleichem Nickelgehalt verursacht jedoch die Absenkung des Kohlenstoffgehaltes auf 0,3 % beim Stahl NF unter gleichzeitigem Zulegieren von 0,3 % Molybdän wieder einen merklichen Verschleißanstieg im Vergleich zum Stahl NE.

Insgesamt die geringsten Verschleißbeträge weisen die Stähle der Gruppe C auf, die mit Werten unter 0,2 % auch die niedrigsten Kohlenstoffgehalte aller Stähle für die treibenden Wälzkörper haben (Ausnahme: CB = 0,26 % C). Die unterschiedlichen Zusätze von Chrom bis zu 1,2 % und von Nickel zwischen 0,9 und 4,75 % bei den Stählen CC, CD und CE bieten in der Festigkeitsstufe I offensichtlich keine Vorteile gegenüber den Stählen CA und CB, die neben dem erhöhten Mangangehalt von 1,35 % nur noch 0,2 % Chrom und 0,3 % Molybdän enthalten. Im Gegenteil, der insgesamt über 5 % betragende Anteil an Legierungselementen des Stahles CE mit dem sehr geringen Kohlenstoffgehalt von 0,09 % verursacht in der ölgehärteten Version

(Paarung CE/VA) Verschleißbeträge, die deutlich über dem Gesamtniveau der Gruppe C liegen, während die Beträge der Paarung mit der wassergehärteten Ausführung (CE 1/VA) dieses nur geringfügig übersteigen. Bei gleicher Vergütungstemperatur führt hier die Wasserhärtung scheinbar zu einer für das Verschleißverhalten günstigeren Karbidverteilung als die Ölhärtung. Eine solch deutliche Auswirkung des Härtungsverfahrens ist am Verschleißverhalten des sehr viel weniger Legierungselemente enthaltenden Stahles CA in den Paarungen CA/VA und CA 1/VA nicht zu verzeichnen.

Die Ergebnisse aus den Versuchsreihen mit den gleichen Stählen in der höherfesten Ausführung ($\sigma_{B,II}$ = 1100 $N/mm^2$) sind in Bild 47 zusammengefaßt.
Besonders fallen zunächst die insgesamt höheren Verschleißbeträge verglichen mit den Ergebnissen der niedrigeren Festigkeitsstufe I auf. (Die Bedeutung der mechanischen Kennwerte für das Verschleißverhalten wird jedoch erst im nachfolgenden Kapitel behandelt.) Hinsichtlich des hier zu untersuchenden Zusammenhanges zwischen Verschleiß und Legierungselementen treffen für die Stähle der Festigkeitsstufe II die Aussagen, die vorab für die Ergebnisse der Festigkeitsstufe I gemacht wurden, nur noch bedingt zu. Einerseits gehört zwar auch hier die Vergleichsstahlpaarung VL 3/VA zu denen mit den höchsten Verschleißbeträgen und auch die kohlenstoffarmen Stähle der Gruppe C weisen insgesamt die geringsten Verschleißraten auf, doch andererseits sind für die Paarungen mit den Stählen ME 2, NE 2 und NF 2 sehr hohe Verschleißbeträge zu verzeichnen, wohingegen sie in der niedrigeren Festigkeitsstufe zu den wenig verschleißenden Werkstoffkombinationen gehören (siehe Bild 46).

Da die kohlenstoffarmen Stähle der Gruppe C übereinstimmend in beiden Festigkeitsstufen zu den vergleichsweise geringsten Verschleißbeträgen führen, was mit entsprechenden Ergebnissen von H. Krause /20/ übereinstimmt (siehe dazu auch Bild 24), sind in Bild 48 die Verschleißbeträge aller Werkstoffpaarungen der niedrigeren Festigkeitsstufe I und in Bild 49 die der höheren Festigkeitsstufe II in Abhängigkeit des Kohlenstoffgehaltes der Werkstoffe für die treibenden Prüfkörper aufgetragen (die Kennzeichnung der Werkstoffpaarungen erfolgt dabei durch die zugeordneten Nummern nach Tabelle 21).

Auch wenn sich vor allem für die Festigkeitsstufe I insgesamt ein Zusammenhang etwa der Art "geringer Kohlenstoffgehalt - geringer Verschleiß" abzuzeichnen scheint, belegen die dazu widersprüchlichen Werkstoffkombinationen, daß dieser Trend nicht allgemeingültig ist: die Paarung 6 (NE/VA) weist trotz eines Kohlenstoffgehaltes von 0,46 % des Stahles NE nur sehr geringen Verschleiß auf, während die Paarung 15 (CE/VA) zu der mittleren Gruppe bezüglich des Verschleißverhaltens zu rechnen ist, obwohl der Stahl CE mit 0,09 % den geringsten Kohlenstoffanteil überhaupt enthält. Auch für die Festigkeitsstufe II, Bild 49, sind keine eindeutigen Zusammenhänge zwischen Verschleißbetrag und Kohlenstoffgehalt im Stahl des treibenden Prüfkörpers zu registrieren.

Ebenso scheitert der Versuch, unmittelbare und offensichtliche Zusammenhänge zwischen den Verschleißbeträgen und den Prozentanteilen anderer Legierungselemente in den Stählen der treibenden Prüfkörper zu finden, wie die Bilder 50 und 51 für Nickel als Vertreter der mischkristallbildenden Elemente und die Bilder 52 und 53 für Chrom als Repräsentanten der Sonderkarbidbildner für beide Festigkeitsstufen erkennen lassen. Selbst wenn man in einer Festigkeitsstufe einen gewissen Trend zu erkennen glaubt, ist dieser in der anderen Festigkeitsstufe in keiner Weise mehr vorhanden, so daß allgemeingültige Aussagen über den Zusammenhang von Verschleißbetrag und Legierungselementen für diese Kohlenstoffstähle nicht möglich sind.
Die Legierungselemente scheinen hier nur mittelbar über ihre Auswirkung auf die mechanischen Eigenschaften der Stähle sowie deren Gefügeausbildung Einfluß auf das Verschleißverhalten zu nehmen.

6.7.1.1.2. Zusammenhang von Verschleißbetrag und mechanischen Werkstoffkennwerten

Die mechanischen Kennwerte sind dem Prinzip nach zahlenmäßige Angaben über den Widerstand eines Werkstoffes gegen Verformung. Ebenso wie in der vorliegenden Arbeit die Verschleißbeträge werden diese Kennwerte an geometrisch einfachen Probekörpern mit Hilfe von Prüfmaschinen in Laborversuchen ermittelt. Für die verschiedenen Beanspruchungsarten (Zug, Druck, Biegung, Torsion usw.) hat man genormte Prüfverfahren entwickelt. Aus dem einachsigen Zugversuch (DIN 50 145) an feinbearbeiteten Rundstäben mit Durchmessern von zumeist 10 bis 12 mm z. B. erhält man gleichzeitig die wichtigsten Kennwerte, die Zugfestigkeit $\sigma_B$, die Streckgrenze $\sigma_S$, die Bruchdehnung $\delta$ und die Brucheinschnürung $\psi$. Diese Angaben benötigt der Konstrukteur, um durch entsprechende Dimensionierung und Werkstoffauswahl unzulässige Verformungen eines Bauteiles zu vermeiden und damit die Gestaltfestigkeit der Konstruktion sicher zu stellen. Er findet sie in Form garantierter Mindestwerte in Normblättern oder entsprechenden Listen der Werkstoffhersteller.

Zur Vorbestimmung einer der Gestaltfestigkeit entsprechenden "Oberflächenfestigkeit" hinsichtlich der dort ablaufenden Verschleißprozesse stehen weder vergleichbare Daten noch genormte Prüfverfahren zur Verfügung. Ersatzweise wird daher vielfach der Versuch unternommen, das systemabhängige Verschleißverhalten eines Reibungssystems mit den obengenannten, spezifischen Kennwerten der eingesetzten Werkstoffe in Verbindung zu bringen. Den Ausführungen zur systematischen Analyse von Verschleißvorgängen zufolge heißt das aber, die in den Grenzschichten der Systemelemente ablaufenden Vorgänge mit deren Volumeneigenschaften erklären zu wollen.

Inwieweit dies für den Verschleiß aufgrund einer Beanspruchung durch technisch trockene Wälzreibung möglich ist, soll anhand der hier durchgeführten Untersuchungen überprüft werden. Den vorangestellten Überlegungen zufolge beinhaltet diese Suche nach einem Zusammenhang zwischen Verschleiß und mechanischen Kennwerten im Grunde genommen nichts anderes, als die an gleichen Werkstoffen in verschiedenen, genormten und nicht genormten Prüfverfahren unter idealisierten Bedingungen erhaltenen Ergebnisse miteinander zu vergleichen.

Bereits bei der Untersuchung des Zusammenhanges zwischen Verschleißbetrag und Legierungselementen (s. Punkt 6.7.1.1.1.) war aufgefallen, daß die Stähle in der höherfesten Ausführung ($\sigma_{B,II}$ = 1100 N/mm$^2$) insgesamt größere Verschleißbeträge aufweisen als in der Version mit geringerer Festigkeit ($\sigma_{B,I}$ = 850 - 950 N/mm$^2$). Zur Differenzierung dieser ersten pauschalen Feststellung sind in Bild 54 die für die betreffenden Werkstoffe in den beiden Festigkeitsstufen erhaltenen Verschleißbeträge, geordnet in der Reihenfolge der Werkstoffgruppen, einander gegenübergestellt.

Daran ist nun zu erkennen, daß für nahezu alle Werkstoffpaarungen mit den Stählen in der Festigkeitsstufe II sowohl die Gesamt- als auch die Einzelverschleißbeträge über denen liegen, die unter exakt gleichen Bedingungen mit diesen Stählen in der Festigkeitsstufe I gemessen wurden.
Ebenfalls bemerkenswert ist dabei die Tatsache, daß die Zunahme des Verschleißes keiner erkennbaren Gesetzmäßigkeit gehorcht, sondern je nach Werkstoffpaarung sowohl bezüglich der absoluten als auch der relativen Werte unterschiedlich hoch ausfällt. Dadurch ändert sich auch die Rangfolge der Werkstoffpaarungen hinsichtlich ihres Verschleißverhaltens gegenüber den Ergebnissen mit der niedrigeren Festigkeitsstufe beträchtlich. Zählen dort z. B. die Paarungen NE/VA und NF/VA zu denen mit geringem bis mittlerem Verschleiß, gehören sie in den höherfesten Kombinationen NE 2/VA und NF 2/VA zur Gruppe mit den absolut höchsten Verschleißbeträgen.

Weiterhin ist noch zu berücksichtigen, daß die Werkstoffkombinationen mit den Stählen VL und NB von diesem generellen Verhalten - unterschiedlich stark - abweichen:
In der höherfesten Version (VL 3) ist der Einzelverschleißbetrag $R_t$ des Vergleichsstahles VL geringer als in der Festigkeitsstufe I; die Zunahme des Gesamtverschleißes der Paarung VL 3/VA gegenüber VL/VA ist auf den wesentlich höheren Verschleißbetrag $\Delta R_b$ des bremsenden Prüfkörpers aus dem Stahl VA zurückzuführen.
Bei der Werkstoffkombination NB 3/VA liegen dagegen alle Verschleißbeträge unter denen der Paarung NB/VA.

Diese "Unregelmäßigkeiten" bei alleiniger Unterteilung der Ergebnisse nach den angestrebten Festigkeitsbereichen der Stähle für die treibenden Prüfkörper bei gleichbleibendem Werkstoff der bremsenden Prüfkörper erlauben keine allgemeingültige Aussage über einen Zusammenhang von Verschleiß und mechanischer Festigkeit bei Wälzreibung, auch wenn für den überwiegenden Teil der Werkstoffpaarungen, jede für sich alleine betrachtet, jeweils höhere Festigkeit mit steigendem Verschleiß verbunden ist.

Eine Aussage von größerer Allgemeingültigkeit ist eher zu erwarten, wenn nachfolgend die gemessenen Verschleißbeträge den genauen Festigkeitswerten zugeordnet werden. Dem gleichen Zweck sowie der besseren Vergleichbarkeit mit den späteren Untersuchungen bei gleichzeitiger Variation der Stähle beider Prüfkörper (Punkt 6.7.2.) dient die Angabe des Quotienten der Werkstoffkennwerte von treibendem und bremsendem Prüfkörper (z. B. $\sigma_{B,t}/\sigma_{B,b}$) als zweite Abszissenachse in den jeweiligen Auswertediagrammen.

In Bild 55 sind die Verschleißbeträge der Werkstoffpaarungen beider Festigkeitsstufen I und II als Funktion der Zugfestigkeit der Stähle für treibende Prüfkörper aufgetragen. Doch weder für den Gesamtverschleiß $\Sigma\Delta R$ noch für die Einzelbeträge $\Delta R_t$ bzw. $\Delta R_b$ sind systematische Zusammenhänge zu erkennen. Im gesamten untersuchten Festigkeitsbereich von $\sigma_B$ = 783 N/mm$^2$ bis $\sigma_B$ = 1168 N/mm$^2$ wechseln sich Werkstoffpaarungen mit geringen, mittleren und hohen Verschleißbeträgen regellos ab. Diese Feststellungen gelten uneingeschränkt auch bei der Gegenüberstellung der Verschleißbeträge und der wichtigeren, bei konstruktiven Auslegungen als Berechnungsgrundlage dienenden Streckgrenze $\sigma_S$ der eingesetzten Kohlenstoffstähle, Bild 56.

Damit bestätigen diese Untersuchungen mit einer Vielzahl verschiedener Stahlkombinationen, daß bei Beanspruchung durch technisch trockene Wälzreibung eine hohe Werkstoffestigkeit nicht gleichzeitig zu einem günstigen Verschleißverhalten führen muß, was bereits anhand der einleitend zusammengefaßten Untersuchungsergebnisse von Bugarcic /2/ und Krause /19, 20/ mit einigen wenigen Werkstoffpaarungen abzusehen war.

Auch die verbleibenden, üblicherweise angegebenen mechanischen Kennwerte lassen keine sicheren Vorhersagen über das zu erwartende Verschleißverhalten zu. Bruchdehnung $\delta_5$ und Brucheinschnürung $\psi$ zeigen ebenso unsystematische Beziehungen zum Verschleißverhalten wie vorab die Zugfestigkeit $\sigma_B$ und die Streckgrenze $\sigma_S$. Da diese vier Kennwerte zum einen, wie bereits erwähnt, alle im gleichen Prüfverfahren, dem Zugversuch, gewonnen werden und zum anderen sich im Vergütungsprozeß nur gleichzeitig und abhängig voneinander als Funktion der Anlaßtemperatur einstellen können, waren auch keine nennenswerten Abweichungen zu erwarten (s. auch Bilder 59 und 60).
Eher noch hätte man angenommen, daß die im Schlagversuch zur Charakterisierung des Bruchverhaltens ermittelte Kerbschlagzähigkeit $a_k$ eine Abschätzung des Verschleißverhaltens ermöglichen würde, obwohl sie bei vergüteten Stählen ebenfalls eine Funktion der Anlaßtemperatur ist.
Scheint der Ergebnisvergleich in Bild 57 im ersten Augenblick dennoch einen Zusammenhang erkennen zu lassen, zeigt die Gegenüberstellung einiger Wertpaarungen jedoch, daß auch die Kerbschlagzähigkeit keine sicheren Vorhersagen über die Höhe des zu erwartenden Verschleißes ermöglicht, Tabelle 23.

Zur Differenzierung unterschiedlicher Stahlsorten oder Beschreibung werkstofftechnischer Entwicklungen findet man in der Literatur vielfach das Streckgrenzenverhältnis, den Quotienten aus Streckgrenze und Zugfestigkeit $\sigma_S/\sigma_B$, als Qualitätsmerkmal (Widerstand gegen plastische Verformung) angegeben, häufig auch in Zusammenhang mit Verschleißfragen /105 ÷ 109/. Bild 58 verdeutlicht jedoch, daß auch dieses Streckgrenzenverhältnis nicht geeignet ist, den zu erwartenden Verschleiß bei Beanspruchung durch technisch trockene Wälzreibung auch nur annähernd abschätzen zu können. Selbst wenn z. B. für den Verschleiß der bremsenden Prüfkörper (Werkstoff hier immer VA) die kleineren Werte bei den Kombinationen gemessen werden, in denen der Stahl des treibenden Prüfkörpers in der Festigkeitsstufe I ein hohes Streckgrenzenverhältnis aufweist, also ein gewisser Zusammenhang zu erkennen ist, kann daraus keine Allgemeingültigkeit abgeleitet werden. Bei gleich hohen Streckgrenzenverhältnissen weisen nämlich Paarungen mit den Stählen in der Festigkeitsstufe II ebenso hohe Verschleißbeträge auf wie die mit deutlich geringeren Werten des Streckgrenzenverhältnisses.

Ein vergleichbares Ergebnis liefert auch die Gegenüberstellung der Verschleißbeträge und der Dauerfestigkeitswerte (Umlaufbiegung) der Stähle für die treibenden Prüfkörper. Sind in einer Gruppe der Werkstoffpaarungen gewisse Abhängigkeiten erkennbar, treffen diese für die zweite Gruppe absolut nicht mehr zu, so daß ebenfalls keine allgemeingültigen Aussagen möglich sind.

Für die bisher untersuchten Werkstoffpaarungen, bei denen die treibenden Prüfkörper aus Stählen mit - in zwei Stufen - gleichhohen Festigkeitswerten, aber unterschiedlicher chemischer Zusammensetzung und Sekundärgefügeausbildung bestanden, während die bremsenden Prüfkörper immer aus dem gleichen Stahl VA gefertigt waren, ist damit festzustellen, daß in dem untersuchten Bereich die üblicherweise angegebenen mechanischen Werkstoffkennwerte kaum geeignet sind, Vorhersagen über das zu erwartende Verschleißverhalten eines Wälzreibungssystems bei technisch trockener Reibung zu machen.

Der hier einzige, pauschal erkennbare Zusammenhang, daß in nahezu allen Fällen die jeweils höherfeste Ausführung des gleichen Stahles zu größerem Verschleiß führt als die auf geringere Festigkeit vergütete Version, soll näher untersucht werden. Dazu kommen die in Tabelle 16 angegebenen Sonderausführungen der Stähle CB und NE zum Einsatz, die jeweils nach dem Härten im Wasserbad bei drei bzw. fünf verschiedenen Temperaturen angelassen worden sind.
Die Abhängigkeit der mechanischen Festigkeitseigenschaften dieser (vergüteten) Stähle von der Anlaßtemperatur wird in den Vergütungsschaubildern, Bild 59 und 60, offensichtlich und ebenso, daß diese Eigenschaften nicht unabhängig voneinander zu verändern sind. Daher genügt es, wenn in Bild 61

die Verschleißbeträge, jeweils getrennt für die Sonderausführungen der Stähle CB und NE, allein in Abhängigkeit der Zugfestigkeit $\sigma_B$ aufgetragen sind, die Zusammenhänge mit den anderen Festigkeitseigenschaften ergeben sich dann zwangsläufig.
Diese Sonderversuchsreihen mit den beiden Stahlgruppen bestätigen die sich anhand der beiden allgemeinen Festigkeitsstufen I und II bereits abzeichnende Erscheinung, daß bei technisch trockener Wälzreibung der Verschleiß mit steigender Werkstoffestigkeit ebenfalls ansteigt, wenn diese verschiedenen Festigkeitswerte bei gleicher chemischer Zusammensetzung und Gefügeausbildung vorliegen und der Werkstoff des Gegenkörpers konstant gehalten wird.

Abschließend bleibt damit festzustellen, daß die üblicherweise angegebenen Werkstoffkennwerte, für sich alleine betrachtet, in keiner Weise geeignet sind, Vorhersagen über das zu erwartende Verschleißverhalten eines aus unlegierten Kohlenstoffstählen bestehenden Wälzreibungssystems bei technisch trockener Reibung machen zu können.
Einzig bei Stählen gleicher chemischer Zusammensetzung und Sekundärgefügeausbildung kann man erwarten, daß mit höherer Werkstoffestigkeit ein Ansteigen des Verschleißes an beiden Körpern des Wälzreibungssystems verbunden sein wird.

Alle anderen, sich in einigen Fällen für kleinere Gruppen von Werkstoffpaarungen abzeichnenden Zusammenhänge zwischen Verschleißbetrag und mechanischem Werkstoffkennwert sind praktisch nicht nutzbar, da anhand der Werkstofflisten nicht vorausschaubar ist, welcher Werkstoff zu welcher Gruppe gehören wird. Andererseits verdeutlichen diese scheinbaren Abhängigkeiten, daß verallgemeinernde Aussagen sich immer auf eine hinreichend große Anzahl verschiedener Werkstoffpaarungen stützen sollten, will man nicht - wie einleitend bereits angesprochen - Gefahr laufen, die Lösung eines Spezialfalles für allgemeingültig zu erklären.

#### 6.7.1.1.3. Zusammenhang von Verschleißbetrag und Gefügeausbildung

Die Gefügeausbildung von Metallen wird üblicherweise an in geeigneter Weise geätzten metallographischen Schliffen mit Hilfe von Lichtmikroskopen bestimmt.
Die Differenzierung der verschiedenen Gefügeanteile erfolgte für die hier untersuchten Stähle im gehärteten Zustand visuell bei 100- und 500-facher Vergrößerung. Der Unsicherheitsbereich kann mit maximal 3 - 5 % der angegebenen Absolutwerte angenommen werden.
Wegen der Vielzahl der möglichen Gefügeausbildungen bzw. deren Anteile am Gefügeaufbau der Stähle scheint hier eine unmittelbare Gegenüberstellung mit den gemessenen Verschleißbeträgen wie vorab bei den mechanischen Kennwerten nicht sehr zweckmäßig und auch nicht dem Wesen des Gefügeaufbaues angemessen zu sein. Daher sind in Bild 62 die Ergebnisse der Verschleißmessungen für alle in dieser Versuchsreihe untersuchten Werkstoffpaarungen, unabhängig von der Festigkeit der Stähle der treibenden Prüfkörper, gemäß Tabelle 21 chronologisch nach steigendem Gesamtverschleißbetrag aufgetragen.

Mit der Tabelle oberhalb der graphischen Auftragung sind in Bild 62 den gemessenen Verschleißbeträgen die ermittelten Gefügeanteile der Stähle für die treibenden Prüfkörper zugeordnet. (Die bremsenden Prüfkörper bestanden alle aus dem perlitischen Vergleichsstahl VA).

Diese Gegenüberstellung läßt nun ganz offensichtlich erkennen, daß bei den vorliegenden Versuchsbedingungen die geringsten Verschleißbeträge zu erzielen sind, wenn der Stahl des treibenden Prüfkörpers ein reines Vergütungsgefüge (angelassener Martensit und Zwischenstufe) aufweist, wie die Stähle der Verschleißgruppen 1, 2 und 3. Geringfügige Spuren von Ferrit (Stähle ME und MD) oder Perlit (Stähle NA und NB 3) haben hier keinen Einfluß.

Mit größer werdenden Anteilen an Ferrit, vor allem aber an lamellarem Perlit steigt der Verschleiß dann spürbar an, beginnend in der Gruppe 4 mit dem Vergleichsstahl VL.

Uneingeschränkt gelten diese Aussagen jedoch nur für die Stähle der Festigkeitsstufe I ($\sigma_{B,I}$ = 850 - 950 N/mm$^2$), da einige Stähle der Festigkeitsstufe II ($\sigma_{B,II}$ = 1100 N/mm$^2$) sowie die noch höherfesten Sonderausführungen der Stähle CB und NE (CB 4; NE d; NE e) trotz eines hohen Zwischenstufen- bzw. Martensitanteils am Gefügeaufbau zu den Verschleißgruppen 5 und 6 gehören. Bei diesen Stählen haben die (zur Erzielung der höheren Festigkeit) geringeren Anlaßtemperaturen unter 550$^o$ C scheinbar nicht ausgereicht, die vom Härten herrührenden Gitterverspannungen hinreichend abzubauen, den spröden tetragonalen Martensit in die kugelige Form zu überführen und so auch insgesamt eine für das Verschleißverhalten günstigere Verteilung der Karbidphase zu erzielen.

Trotz dieser Einschränkungen bestätigt sich hier der deutliche Einfluß der Gefügeausbildung auf das Verschleißverhalten vergüteter Stähle. Die Gefügeausbildung der treibenden Stähle bietet - zumindest im Vergleich zu der chemischen Zusammensetzung und den mechanischen Eigenschaften - gute Möglichkeiten zur Vorhersage des Verschleißverhaltens einer Werkstoffpaarung bei Beanspruchung durch technisch trockene Wälzreibung. Voraussetzung ist jedoch, daß die Gefügebestandteile nicht nur "nominell und isoliert" betrachtet, sondern auch die vorausgegangenen Wärmebehandlungen vollständig berücksichtigt werden. Wie weiter oben bereits erläutert, kann z. B. die Gefügeform "Martensit" sehr unterschiedlich ausgebildet sein und damit zu völlig verschiedenen Verschleißbeträgen führen. Damit wäre auch zu erklären, warum Babb und Lee /118/ bei früheren Wälzreibungsuntersuchungen, allerdings bei einem Schlupf von 25 % und ohne Klimakammer, für die Werkstoffpaarungen mit martensitischen Stählen im Gegensatz zu den vorliegenden Untersuchungen ein schlechteres Verschleißverhalten als bei perlitischen Stählen feststellten.

Da der Konstrukteur die Wärmebehandlung des infrage kommenden Werkstoffes bereits in den Lieferbedingungen oder aber nach erfolgter Bearbeitung des jeweiligen Bauteiles genau festlegen und auch kontrollieren kann, sind mit der Gefügeausbildung der eingesetzten Stähle praktisch nutzbare Möglichkeiten zur Abschätzung des zu erwartenden Verschleißverhaltens des betreffenden tribologischen Systems gegeben.

### 6.7.1.2. Einfluß der Prüfkörperdrehzahl auf das Verschleißverhalten

Bevor im weiteren anhand der beanspruchungsspezifischen Meßgrößen und Grenzschichtveränderungen eine Erklärung für das sehr unterschiedliche Verschleißverhalten der Vergütungsstähle gesucht wird, soll diese zusätzliche Versuchsreihe der weiteren Überprüfung dienen, ob die Reihenfolge der Werkstoffpaarungen, zumindest jedoch die der Verschleißgruppen (nach Tabelle 21) bei veränderter Prüfkörperdrehzahl erhalten bleibt. Zwar war in den Vorversuchsreihen zur Einschränkung der variablen Versuchsparameter bei einer Erhöhung der Prüfkörper-Grunddrehzhal von $n_b$ = 200 $min^{-1}$ auf 300 $min^{-1}$ für die Werkstoffpaarung M 80/VA die erwartete Zunahme des Verschleißes (hier um ca. 10 %) festzustellen gewesen, dennoch soll diese Erscheinung an weiteren Werkstoffkombinationen untersucht werden, da die Geschwindigkeiten der sich relativ zueinander bewegenden Elemente zu den am häufigsten veränderten Beanspruchungsparametern eines Reibungssystems gehören.
Bei größeren unsystematischen Abweichungen hätten die bisher gewonnenen Ergebnisse zunächst nur für diese eine spezielle Versuchsdurchführung Gültigkeit, so daß zur Erzielung allgemeinerer Aussagen weitere umfangreiche Versuchsreihen notwendig würden. Die Gegenüberstellung der Untersuchungsergebnisse in Bild 63 für die zwei genannten Prüfkörperdrehzahlen (bei identischen Versuchsbedingungen) für jeweils mindestens eine Werkstoffpaarung der Verschleißgruppen 1 bis 5 (nach Bild 62) läßt jedoch eine gleichmäßige Zunahme des Verschleißes bei erhöhter Drehzahl erkennen.
Damit kann man den hier gewonnenen Ergebnissen auch hinsichtlich der übrigen Einflußgrößen für den in den Vorversuchsreihen überdeckten Einstellbereich der Beanspruchungsparameter insgesamt eine hinreichende Allgemeingültigkeit zusprechen.

### 6.7.1.3. Zusammenhang von Reibungszahl und Verschleißbetrag

Die Reibungszahl $\mu$ ist als eine indirekte, makroskopische Meßgröße für die sich jeder unmittelbaren Messung entziehenden Vorgänge in den Kontaktflächen bzw. Grenzschichten der Elemente eines tribologischen Systems anzusehen. Sie gibt das Verhältnis der sich als Funktion der Beanspruchungsparameter und der Struktur des betreffenden Systems einstellenden Tangentialkraft zur wirkenden Normalkraft an. Sie ist also gewissermaßen eine dimensionslose Kennzahl für die Reibungskraftbeanspruchung der beteiligten Oberflächen und könnte daher in Zusammenhang mit den sehr unterschiedlichen Verschleißbeträgen der verschiedenen Werkstoffpaarungen stehen.

Zunächst muß jedoch überprüft werden, inwieweit ein unmittelbarer Vergleich dieser Meßgrößen überhaupt zulässig ist, da einerseits die Verschleißbeträge als Resultat einer bestimmten Beanspruchungsdauer integrale Meßwerte darstellen, während andererseits die Reibungskraft und damit die Reibungszahl momentane, zeitabhängige Größen sind.
Diese Überprüfung kann mit Hilfe der ebenfalls integral zu erfassenden Reibungsarbeit $A_R$ erfolgen, die nach Krause /19/ angibt, welche Arbeit aufzubringen ist, um einen bestimmten Verschleißbetrag zu erhalten und außerdem geeignet sei, das Verschleißverhalten verschiedener Metalle vergleichend zu betrachten:

$$A_R = \int_{t_{AB}}^{t_B} F_N \cdot \mu \cdot v_{rel} \cdot dt$$

Bei konstanten Beanspruchungsparametern vereinfacht sich diese Gleichung zu

$$A_R = F_N \cdot v_{rel} \cdot \int_{t_{AB}}^{t_B} \mu dt$$

Da außerdem die Reibungszahl bei der hier gewählten Versuchsdurchführung während der gesamten Verschleißbeanspruchungsdauer $T_B$ im Mittel als konstant angesehen werden darf (siehe Bild 18), ergibt sich mit $v_{rel} \cdot (t_B - t_{AB}) = l_g = s \cdot l_w$ der weiter vereinfachte Ausdruck

$$A_R = \mu \cdot F_N \cdot s \cdot l_w$$

womit bei gleichem Schlupf s und gleichem Laufweg $l_w$ die Quotienten der Reibungsarbeiten zweier Versuche 1,2 dem Verhältnis der konstanten Reibungszahlen nach Beginn des ersten Abriebs entsprechen:

$$A_{R1} \; / \; A_{R2} = \mu_1 \; / \; \mu_2$$

Für die hier durchgeführten Verschleißuntersuchungen bei konstanten Beanspruchungsparametern und gleichen Laufwegen können daher die aus dem kontinuierlich aufgezeichneten Reibungsmoment bestimmten Reibungszahlen unmittelbar als Maß für die Beanspruchung der Prüfkörper den angefallenen Verschleißbeträgen gegenübergestellt werden.
Bild 64 macht jedoch deutlich, daß es einen Zusammenhang etwa der Art, daß steigender Gesamtverschleiß mit erhöhter Reibungszahl verbunden sei, nicht gibt. Das gleiche Ergebnis stellt sich auch für die Einzelverschleißbeträge ein.

Wie bereits bei den allgemeinen Ausführungen über Verschleiß festgestellt, muß mit dem Einwirken einer Reibungskraft auf eine Festkörperoberfläche nicht zwangsweise auch Verschleiß verbunden sein. Vielmehr ist das Ablösen eines Verschleißteilchens als letztes Stadium vorausgegangener, teilweise erheblicher plastischer Verformungen der Mikrokontaktstellen anzusehen. Mit Hilfe der Reibungszahl kann man jedoch nur die insgesamt wirkende Reibungskraft bestimmen, nicht aber deren Aufteilung in die eine Komponente, die die Verformungen verursacht und die andere Komponente, die das Ablösen eines Verschleißteilchens hervorruft. Da der Verformungswiderstand im Mikrobereich von anderen Faktoren als den makroskopischen Festigkeitswerten (Streckgrenze, Bruchdehnung etc.) bestimmt ist, zu nennen sind Sekundärgefügeausbildung, Korngröße etc. /19, 119, 120/, können die Verschleißbeträge nominell gleichwertiger Vergütungsstähle trotz gleichgroßer Reibungszahlen innerhalb des gleichen tribologischen Systems erheblich voneinander abweichen.

#### 6.7.1.4. Zusammenhang von Verschleißerscheinungsform und Verschleißbetrag

Wie das Bild der Bruchfläche ein wesentliches Kriterium bei der Analyse der Bruchursachen eines Bauteiles darstellt, so soll hier die Erscheinungsform des Verschleißes zur Erklärung der sehr unterschiedlichen Verschleißbeträge herangezogen werden. Der systematischen Analyse von Verschleißvorgängen folgend (Bild 13) kann man die Erscheinungsform mit Hilfe der angefallenen Verschleißpartikel, Oberflächen- und Werkstoffveränderungen sowie der Werkstoffverschiebungen charakterisieren. Damit sind gleichzeitig auch die beanspruchungsbedingten Veränderungen der Grenzschichteigenschaften erfaßt.

##### 6.7.1.4.1. Zusammenhang von Verschleißbetrag und angefallenen Verschleißpartikeln

Eine erste unmittelbare Aussage ist im allgemeinen anhand der Form, Größe und Farbe der angefallenen Verschleißpartikel möglich. Im zweiten Schritt sollte eine Analyse der chemischen Zusammensetzung weitergehende Informationen liefern.

Die rasterelektronenmikroskopischen Aufnahmen der Verschleißpartikel in drei verschiedenen Vergrößerungen für jeweils eine Werkstoffpaarung mit sehr geringem (CA/VA), mittlerem (CB 3/VA) und sehr hohem Verschleißbetrag (VT/VA) in den Bildern 65 ÷ 67 lassen jedoch erkennen, daß weder Form noch Größe der Verschleißpartikel mit der Höhe des Verschleißes in Verbindung gebracht werden können.
Ebenso liegt bei allen anderen Werkstoffpaarungen ein Gemenge aus Verschleißteilchen sehr unterschiedlicher Größen und geometrischer Abmessungen vor. Die Farbe aller Partikel ist fast ausnahmslos schwarz, nur einige größere Schuppen zeigen ein bläuliches Schimmern, so daß auch hier keine Relation zum Verschleißbetrag aufzufinden ist.

Die quantitative Analyse der Verschleißpartikel auf röntgenographischem Wege nach dem Debye-Scherrer-Verfahren beschränkt sich hier auf eine Trennung der Anteile an reinem Eisen ($\alpha$-Fe) und an Eisenoxiden. Eine Unterscheidung zwischen der stabilsten Oxidform, dem $\alpha$-$Fe_2O_3$ und eventuellen Anteilen an $Fe_3O_4$ ist hier problematisch, da sich die Röntgenreflexe beider Oxide teilweise überdecken.

Die prozentualen Anteile werden visuell durch Intensitätsvergleich der Reflexe mit denen von Eichsubstanzen ermittelt, die Genauigkeit ist mit etwa ± 5 % anzusetzen. Eine umfassende Beschreibung des Verfahrens ist bei Demirci /92/ zu finden.

In Bild 68 sind die ermittelten Anteile an α-Fe sowohl als Funktion des Gesamtverschleißes als auch der Einzelverschleißbeträge für mehrere Werkstoffpaarungen der sechs Verschleißgruppen aufgetragen. Die Anteile des reinen Eisens an der Zusammensetzung der Verschleißpartikel liegen unabhängig von der Höhe des Verschleißes zwischen 40 und 70 %.

Damit kann zusammenfassend festgestellt werden, daß bei gleichen Beanspruchungsbedingungen weder Form, Größe und Farbe noch die chemische Zusammensetzung der aufgrund technisch trockener Wälzreibung anfallenden Verschleißpartikel bei Paarungen aus unlegierten Kohlenstoffstählen Rückschlüsse auf die Höhe der Verschleißbeträge zulassen.

#### 6.7.1.4.2. Zusammenhang von Verschleißbetrag und Verschleißbild der Oberflächen

Das Verschleißbild, die visuell erfaßbare Veränderung einer beanspruchten Oberfläche gegenüber ihrem Ausgangszustand, sollte Rückschlüsse auf die Größenordnung des Verschleißbetrages sowie den vorherrschenden Verschleißmechanismus zulassen.
Bei den hier verwendeten rasterelektronenmikroskopischen Aufnahmen muß man beachten, daß je nach Blickwinkel sehr unterschiedliche Eindrücke der betreffenden Oberfläche entstehen können, wie die Bilder 69 und 70 verdeutlichen. Es handelt sich um Aufnahmen des gleichen Oberflächenausschnittes, die jedoch einmal unter einem Kippwinkel von 40° (Bild 69) und im anderen Falle bei tangentialem Blick auf die Oberfläche (Bild 70, Kippwinkel 0°) angefertigt wurden. In beiden Fällen ist zwar eindeutig Schichtverschleiß als vorherrschender Verschleißmechanismus zu identifizieren, hinsichtlich des Betrages neigt man jedoch leicht zu einer abweichenden Bewertung. Zur Vermeidung von Fehlinterpretationen sind alle nachfolgend aufgeführten Oberflächenaufnahmen bei einem Kippwinkel von 40° hergestellt.

Die Bilder 71 und 72 zeigen in drei Vergrößerungsstufen Ausschnitte aus den beanspruchten Oberflächen jeweils der treibenden Prüfkörper der Werkstoffpaarungen CD 1/VA (Verschleißgruppe 1) und VL/VA (Verschleißgruppe 4).

Auf beiden Oberflächen wechseln sich Bereiche kompakter, teilweise rissiger Reaktionsschichten mit solchen ab, wo deren vollständige Ablösung bereits stattgefunden hat und die Neubildung der Reaktionsschicht beginnt. In beiden Fällen liegt also eindeutig Schichtverschleiß vor. Die Unterschiede in den Einzelverschleißbeträgen um ca. einen Faktor fünf ($\Delta R_{t(CD\ 1)}$ = 6,63 µm; $\Delta R_{t(VL)}$ = 30,73 µm) lassen sich jedoch anhand dieser Verschleißbilder nicht erklären.

Zum gleichen Ergebnis gelangt man auch bei der Untersuchung der Oberflächen treibender Prüfkörper aus den anderen Verschleißgruppen.

Die sehr unterschiedliche Reaktionsschichtbedeckung der Stähle MD und NE e, Bilder 73 und 74, läßt auch deutlich abweichende Einzelverschleißbeträge vermuten, die hier jedoch sehr eng beieinander liegen: $\Delta R_{t(MD)}$ = 14,55 µm; $\Delta R_{t(NE\ e)}$ = 16,26 µm. Andererseits ist der Einzelverschleißbetrag des Stahles MB mit $\Delta R_{t(MB)}$ = 45,80 µm etwa dreimal so hoch wie der des Stahles NE e, wohingegen die Verschleißbilder nahezu identisch sind, Vergleich von Bild 75 mit Bild 74.
Ebenso lassen die Oberflächenaufnahmen von bremsenden Prüfkörpern, alle aus dem Vergleichsstahl VA bestehend, Reaktionsschichtverschleiß als vorherrschenden Verschleißmechanismus erkennen, andererseits aber keine Rückschlüsse auf den Verschleißbetrag zu, Bilder 76 bis 78.

Insgesamt bleibt damit festzustellen, daß rasterelektronenmikroskopische Aufnahmen verschleißbeanspruchter Oberflächen zwar ein gutes Hilfsmittel zur Feststellung des vorherrschenden Verschleißmechanismus sind, aber keine nutzbaren Hinweise auf die Höhe des Verschleißbetrages zu geben scheinen, wenn in den miteinander verglichenen tribologischen Systemen im wesentlichen der gleiche Verschleißmechanismus vorherrscht.

### 6.7.1.4.3. Zusammenhang von Verschleißbetrag und Oberflächenrauheit

Die meßtechnische Erfassung der Rauheit von Festkörperoberflächen dient vor allem der (zahlenmäßigen) Beschreibung des realen, mikrogeometrischen Grenzschichtaufbaues, da dieser als mitentscheidend für die dort ablaufenden Reibungs- und Verschleißvorgänge anzusehen ist. Hinsichtlich der Abhängigkeit der Laufflächenrauheit der Prüfkörper von den Beanspruchungsparametern des Wälzreibungssystems sowie der jeweiligen Werkstoffpaarungen hatten die Vorversuchsreihen (s. Punkt 6.3.2.2.) zum einen ergeben, daß sich die Rauheit bei identischen Beanspruchungsparametern nach einem anfänglichen Maximum auf einen gleichbleibenden, nur von der Werkstoffpaarung abhängenden Endwert einstellt.
Weiterhin konnte nur für den treibenden Prüfkörper und im untersuchten Bereich nur bis zu einem Schlupf von 0,4 % eine Abhängigkeit der Laufflächenrauheit von der Höhe des Schlupfes festgestellt werden. Ebenso war allein am treibenden Prüfkörper eine Auswirkung der aufgebrachten Normalkraft auf die Rauheit zu registrieren, so daß man auch hier in erster Linie für den treibenden Prüfkörper einen Zusammenhang von Verschleißbetrag und Oberflächenrauheit erwartet hätte.

Die Bilder 79 und 80 zeigen jedoch, daß weder die Höhe des Gesamtverschleißes $\Sigma\Delta R$ noch die der Einzelverschleißbeträge $\Delta R_t$, $\Delta R_b$ in unmittelbarem Zusammenhang mit der Oberflächenrauheit $R_z$ des treibenden bzw. bremsenden Prüfkörpers zu sehen sind. Dieses - zunächst etwas überraschende Ergebnis - ist jedoch bei gleichzeitiger Betrachtung der im vorhergehenden Abschnitt (Punkt 6.7.1.4.2.) behandelten elektronenmikroskopischen Oberflächenaufnahmen leicht zu erklären.

Anhand der Bilder 69 bis 78 war unabhängig von der Höhe des Verschleißes für alle untersuchten Werkstoffpaarungen eindeutig Schichtverschleiß als vorherrschender Verschleißmechanismus bei der Wälzreibungsbeanspruchung unter den hier gewählten Bedingungen festzustellen gewesen. Auch die in diesem Falle parallel verlaufende Ablösung und Neubildung der Reaktionsschicht war zu erkennen, wobei der Grad der Bedeckung mit Reaktionsschichten kein Maß für die Höhe des Verschleißbetrages darstellte. Berücksichtigt man nun, daß die Rauheit der Prüfkörperlaufflächen nach dem Tastschnittverfahren quer zur Beanspruchungsrichtung durch einen vertikal bewegten Meßaufnehmer ermittelt wird, gibt hier die Rauheit nichts anderes als den Höhenunterschied zwischen den Oberflächenbereichen an, die noch mit einer Oxidschicht bedeckt sind und denen, wo sich diese bereits abgelöst hat.

Die ermittelten Zahlenwerte der Rauheit sind im Falle des Schichtverschleißes demnach als Maß für die mittlere Dicke der sich ablösenden Reaktionsschicht, nicht aber als Bestimmungsgröße für die Höhe des Verschleißbetrages anzusehen.

6.7.1.4.4. Zusammenhang von Verschleißbetrag und Oberflächenverfestigung

Die einleitenden allgemeinen Ausführungen über Verschleiß, insbesondere die Analyse der Kontaktverhältnisse technischer Oberflächen haben erkennen lassen, daß bei der Berührung zweier Festkörper an den Mikrokontaktflächen immer mit plastischen Verformungen zu rechnen ist. Gilt diese Tatsache bereits bei einer ruhenden Normalkraftbeanspruchung, nehmen die plastischen Verformungen bei einer gleichzeitigen tangentialen Relativbewegung entsprechend größere Ausmaße an und führen letztlich zur Ablösung von Verschleißteilchen. Eine mehrfache plastische Verformung (Überschreitung der Streckgrenze ohne Bruch) führt bei einem duktilen Werkstoff zu einer Kaltverfestigung, die sich zum einen in einer erhöhten Zugfestigkeit, zum anderen aber auch in einer Versprödung des Werkstoffes bemerkbar macht.

Diese Erscheinung könnte bei den hier durchgeführten Wälzreibungsuntersuchungen in Zusammenhang mit der Höhe des Verschleißbetrages stehen, da die Oberflächen der Prüfkörper einer dynamischen Wechselbeanspruchung unterworden sind.
Bei jedem neuen Kontakt mit dem Gegenkörper erfährt das einzelne Oberflächenelement immer wieder eine plastische Verformung, die zu einer von der Werkstoffpaarung sowie den Beanspruchungsparametern abhängenden Kaltverfestigung führt.
Am einfachsten zu erfassen ist diese Verfestigung im allgemeinen durch Messung der sich verändernden Oberflächenhärte.
Obwohl mit der Härtemessung im Prinzip der Widerstand eines Körpers gegen das Eindringen eines zweiten, und damit eine Volumeneigenschaft des Werkstoffes bestimmt wird, kann man

die hier ermittelten Werte als Oberflächeneigenschaften betrachten, da die Eindringtiefe des pyramidenförmigen Meßdiamanten mit 4 bis 6 µm bei der Belastung von 0,5 kg (Vickers-Härte $HV_{0,5}$) für die hier zu erfassenden Oberflächenhärten noch in der Größenordnung der Oberflächenrauheiten liegen und daher die Stützwirkung nachfolgender Werkstoffschichten vernachlässigbar ist.

Anhand der Gegenüberstellung der Meßwerte in Bild 81 sind offensichtliche Zusammenhänge der Art festzustellen, daß mit zunehmender Oberflächenverfestigung (Härtezunahme $\Delta HV$) der Verschleiß ebenfalls ansteigt. Dabei besteht die deutlichste Beziehung zwischen dem Gesamtverschleiß $\Sigma\Delta R$ und der Summe der Härtesteigerungen beider Prüfkörper $\Sigma\Delta HV$. Dagegen nehmen die Meßpunkte für den Zusammenhang der Einzelverschleißbeträge ($\Delta R_t$, $\Delta R_b$) und den jeweiligen Härtesteigerungen der einzelnen Prüfkörper ($\Delta HV_t$, $\Delta HV_b$) einen größeren Streubereich ein. Erwähnenswert in diesem Zusammenhang ist die Erscheinung, daß die Einzelverschleißbeträge $\Delta R_b$ der in diesem Falle immer aus dem Vergleichsstahl VA bestehenden bremsenden Prüfkörper eine deutlichere Beziehung zur Verfestigung des stets veränderten Gegenwerkstoffes (Härtesteigerung $\Delta HV_t$ des treibenden Prüfkörpers) aufweist als zur Verfestigung der eigenen Oberfläche, Bild 82.

In prinzipiell gleichartiger Beziehung wie zur Härtesteigerung $\Delta HV$ stehen die Verschleißbeträge auch zur erreichten Endhärte $HV_B$ der Prüfkörperoberflächen, Bild 83.
Da die Härte eines Werkstoffes proportional zu dessen Zugfestigkeit ist, könnte nun im Gegensatz zu den vorhergehenden Ausführungen (s. Punkt 6.7.1.1.2.) ein Zusammenhang zwischen Verschleißbetrag und den mechanischen Kennwerten des Werkstoffes aufgezeigt werden, wenn anstelle des im Zugversuch ermittelten Wertes der eingesetzt würde, der sich als Funktion der Werkstoffpaarung und der Beanspruchungsparameter des Reibungssystems an den beanspruchten Laufflächen einstellt.
Ein solcher Zusammenhang ist jedoch nicht eindeutig abzusehen, da - wie bereits erwähnt - mit der Verfestigung des Werkstoffes eine, hier meßtechnisch nicht erfaßbare Versprödung einhergeht, so daß der steigende Verschleiß ebensogut mit einer zunehmenden Versprödung in Verbindung zu bringen wäre. Daher muß hier die Kaltverfestigung ohne Rückschlüsse auf die mechanischen Festigkeitskennwerte betrachtet werden.

Beschreibt man in Hinblick auf eine größere Allgemeingültigkeit und Anwendbarkeit der Ergebnisse die Kaltverfestigung nicht durch die Absolutwerte der Härtesteigerung $\Delta HV$, sondern durch einen "Verfestigungsgrad $k_f$", den Quotienten aus der Härtezunahme $\Delta HV$ und der Ausgangshärte $HV_o$ der Oberflächen vor Beanspruchungsbeginn ($k_f = \Delta HV/HV_o$), bleibt einerseits der Anstieg des Gesamtverschleißes mit zunehmender Verfestigung (steigender Gesamtverfestigungsgrad $\Sigma k_f$) erhalten, während der Verschleiß des treibenden Prüfkörpers im Gegensatz zu den Bildern 81 und 82 keinen deutlichen Zusammenhang mehr zur Verfestigung (Verfestigungsgrad $k_{f,t}$) aufweist, Bild 84. Da hier der bremsende Prüfkörper immer aus dem gleichen Werkstoff bestand, ist die Abhängigkeit des Einzelverschleißbetrages $\Delta R_b$ vom Verfestigungsgrad $k_{f,b}$ identisch mit der Abhängigkeit vom Absolutbetrag $\Delta HV_b$ der Härtesteigerung nach Bild 81.

Der Verschleiß der hier betrachteten Vergütungsstähle nimmt also bei Beanspruchung durch technisch trockene Wälzreibung mit steigender Kaltverfestigung zu, wobei die eindeutigsten Beziehungen zwischen dem Gesamtverschleiß und der Gesamtverfestigung beider Prüfkörper bestehen. Dies bestätigt wiederum, daß Verschleiß immer als Systemeigenschaft und nicht als spezifischer Werkstoffkennwert zu verstehen ist.

### 6.7.1.4.5. Zusammenhang von Verschleißbetrag und Verformungen der Grenzschichten

Das Ablösen von Verschleißpartikeln ist als das letzte Stadium eines Verschleißprozesses zu sehen, dem bei duktilen Werkstoffen immer erhebliche plastische Verformungen der beanspruchten Grenzschichten vorausgehen. Außer der vorab behandelten Verfestigung der beanspruchten Oberfläche, die den äußeren Bestandteil der gesamten Grenzschicht bildet, rufen diese plastischen Verformungen zum Teil erhebliche, äußerlich kaum erkennbare Werkstoffveränderungen und -verschiebungen in den Grenzschichtbereichen unterhalb der Oberfläche hervor, die ebenfalls in Zusammenhang mit den sehr unterschiedlichen Verschleißbeträgen stehen sollten. Am einfachsten sichtbar zu machen sind diese Verformungen mit Hilfe metallographischer Schliffe durch die beanspruchten Grenzschichten. Anhand dieser Schliffbilder sollte auch eine Erklärung für die Abhängigkeit der Verschleißbeträge von der Gefügeausbildung der Stähle der treibenden Prüfkörper möglich sein (s. Punkt 6.7.1.1.3.).

Zur Verdeutlichung der jeweiligen Verformungsgrade sowie der Verformungstiefen enthalten die Bilder 85 bis 88 sowohl rasterelektronenmikroskopische Aufnahmen von Längsschliffen (Umfangsrichtung der Prüfkörper  Richtung der Reibungskraft) durch die verformten Grenzschichten als auch der unverformten Grundgefüge von vier verschiedenen Stählen für treibende Prüfkörper aus den Verschleißgruppen 1, 2, 4 und 5. Die zum Teil ungewöhnlich starke Ätzung der Schliffe läßt die plastischen Verformungen vor allem bei Vergütungsgefügen deutlicher als bei der üblichen Ätzung hervortreten. In diesem Zusammenhang sei erwähnt, daß in diesen elektronenmikroskopischen Aufnahmen im Gegensatz zu lichtmikroskopischen Bildern der Ferrit dunkel und der Zementit hell erscheint. Zur Erleichterung der Bewertung sind in diesen Bildern außerdem die Gefügeanteile der Stähle, der jeweilige Einzelverschleißbetrag $\Delta R_t$ sowie die Oberflächenverfestigung $\Delta HV_t$ mitangegeben.

In allen vier Fällen sind unmittelbar unter der Oberfläche der beanspruchten Prüfkörper erhebliche Dehnungen und Formänderungen der Gefügekörner festzustellen, die bis zur völligen Unkenntlichkeit der ehemaligen Korngrenzen gehen, so daß der Eindruck eines scheinbar amorphen, stark "verdichteten" Werkstoffes entsteht.

Dennoch lassen sich bei den verschiedenen Stählen visuell erkennbare Unterschiede hinsichtlich Verformungsgrad und Verformungstiefe ausmachen. So zeigt der Stahl NE die geringsten Veränderungen gegenüber dem Grundgefüge und damit die geringsten Verformungen, Bild 85. Gleichzeitig weist er den geringsten Verschleiß und die niedrigste Verfestigung auf. Im weiteren nehmen dann Verformungsgrad und Verformungstiefe ausgehend vom Stahl MD, Bild 86, über den Vergleichsstahl VL, Bild 87, bis hin zum Stahl MB, Bild 88, in gleicher Weise wie Verschleißbetrag und Oberflächenverfestigung zu.

Das reine Vergütungsgefüge (Stahl NE) ist allem Anschein nach weniger leicht plastisch verformbar als ferrit- und perlithaltige Gefüge (Stähle MD, VL und MB). Bei diesen Werkstoffen dürften vor allem die sehr großen Dehnungen der weichen Ferritkörner zu den erhöhten und tiefergehenden Verformungen beitragen, da der spröde Zementit praktisch keine Verformungen aufnehmen kann und eher zu Bruch geht, was besonders für die lamellare Ausbildung innerhalb des Perlits gilt, Bild 87. Zum gleichen Ergebnis kommt H. Krause /19/ aufgrund von Untersuchungen an dem allgemeinen Baustahl St 60 mit einer Ferrit-Perlit-Gefügeausbildung.

Insgesamt bleibt also festzustellen, daß der Verschleiß bei Beanspruchung durch technisch trockene Wälzreibung mit steigenden Verformungen und Gefügeveränderungen in den Werkstoffgrenzschichten ebenfalls zunimmt.

Bei den weiter oben beschriebenen Untersuchungen über den Zusammenhang von Verschleißbetrag und allgemeinen Werkstoffkennwerten (s. Punkt 6.7.1.1.) konnte allein in der Sekundärgefügeausbildung der Stähle für die treibenden Prüfkörper ein brauchbares Mittel zur Abschätzung des zu erwartenden Verschleißbetrages gefunden werden. Da andererseits aber in allen Fällen Schichtverschleiß als vorherrschender Verschleißmechanismus zu verzeichnen war (s. Punkt 6.7.1.4.2.), dürfte die Sekundargefügeausbildung nur indirekt über den Grad der plastischen Vorformbarkeit sowie über ihre Auswirkung auf die Bildung und Ablösung der Reaktionsschichten Einfluß auf das Verschleißverhalten nehmen.
Das ungünstige Verhalten der perlithaltigen Stähle in Kombination mit dem ebenfalls perlitischen Stahl VA ist am Beispiel des Vergleichsstahles VL mit Hilfe der Längs- und Querschliffe in den Bildern 89 und 90 leicht zu erklären. Die plastisch verformten, langgestreckten Ferritkörner sind Ausgangsstellen für parallel zur Oberfläche verlaufende Risse. Diese treten sowohl im Grenzbereich zwischen Oxidschicht und Grundwerkstoff als auch im verformten Grundwerkstoff selbst auf. Zumeist liegen mehrere Risse gleichzeitig vor, deren Bildung offensichtlich durch die völlige Zerstörung der Zementitlamellen und damit der Perlitstruktur begünstigt wird. Neben dem äußerlich erkennbaren Reaktionsschichtverschleiß muß man bei perlitischen Stählen also gleichzeitig auch immer mit Zerrüttungsverschleiß rechnen, der durch Rißbildung im verformten Grundwerkstoff erhöhte Verschleißbeträge verursacht.

Das gute Verschleißverhalten der Stähle mit einer (angelassenen) Martensit- oder Zwischenstufen-Gefügeausbildung dürfte einmal darauf zurückzuführen sein, daß die zur Ablösung von Verschleißpartikeln führende Rißbildung allein im Übergangsbereich der Reaktionsschicht zum Grundgefüge anzutreffen ist, wie Bild 91 für den Stahl NE aus der Kombination mit dem Vergleichsstahl VA erkennen läßt. Außerdem scheint die Verbindung zwischen der aufgewachsenen Oxidschicht und dem Grundwerkstoff bei diesen Stählen sehr viel stabiler und widerstandsfähiger gegen eine Rißausbreitung zu sein als bei den perlitischen Stählen. Gewinnt man besonders anhand von Bild 89 den Eindruck, die Reaktionsschicht liege bei dem perlitischen Stahl VL nur als eine Art "Fremdkörper" auf dem zerrütteten Grundgefüge auf und sei daher leicht entfernbar, so scheint bei den martensitischen und Zwischenstufen-Stählen ein kontinuierlicher, homogener Übergang vom Grundgefüge zur Oxidschicht vorzuliegen, Bild 91 und Bild 92.
Die Ursache der wesentlich höheren Verschleißbeträge dieser martensitischen bzw. Zwischenstufen-Stähle in der höherfesten Ausführung ($\sigma_{B,II}$ = 1100 $N/mm^2$), Verschleißgruppen 5 und 6 bei ebenfalls dem Vergleichsstahl VA als Gegenwerkstoff, ist wie bei den perlitischen Stählen in einem dem Schichtverschleiß überlagerten Anteil an Zerrüttungsverschleiß zu sehen. Am Beispiel des Stahles NE 2 in Bild 93 kann man deutlich die im Grundwerkstoff und nicht im Übergangsbereich zur Oxidschicht verlaufenden Risse bis hin zur Oberfläche verfolgen. Setzt man in erster Näherung den Abstand der Risse von der Oberfläche gleich der Dicke der sich ablösenden Verschleißpartikel und damit indirekt gleich der Höhe des Verschleißes, gelangt man bei einer Gegenüberstellung von Aufnahmen gleicher Vergrößerungen aus den Bildern 91 und 93 leicht zu der Erklärung, warum die höherfeste Ausführung NE 2 mehr Verschleiß verursacht als die Version NE des gleichen Stahles mit niedrigerer Festigkeit.

Der Verschleiß des in diesen Versuchsreihen immer als Werkstoff des bremsenden Prüfkörpers eingesetzten Stahles VA mit perlitischer Sekundärgefügeausbildung verläuft unabhängig vom Gegenwerkstoff und der Höhe des Verschleißbetrages prinzipiell immer in gleicher Weise ab. Wie bei den perlithaltigen Stählen für die treibenden Prüfkörper ist dem Reaktionsschichtverschleiß ein Anteil an Zerrüttungsverschleiß überlagert, der zu mehreren parallel zur Oberfläche verlaufenden Rissen im Grundgefüge führt, Bild 94. Ebenso ist die vollständige Zerstörung der ursprünglich sehr feinstreifigen Perlitausbildung bzw. der Zementitlamellen festzustellen, Bild 95. Die sehr unterschiedlichen Verschleißbeträge scheinen auch hier wiederum in unmittelbarem Zusammenhang mit dem Abstand der Risse von der Prüfkörperoberfläche und damit von der Dicke und Größe der sich ablösenden Verschleißpartikel zu stehen, wie durch Vergleich der Bilder 96 bis 98 zu vermuten ist.

### 6.7.2. Ergebnisse bei gleichzeitiger Variation der Werkstoffe beider Prüfkörper

Die gleichzeitige Variation der Werkstoffe beider Prüfkörper soll einmal der Klärung dienen, inwieweit die im vorausgehenden Abschnitt (s. Punkt 6.7.1.) bei alleiniger Veränderung des Stahls der treibenden Prüfkörper gefundenen Beziehungen zwischen den Verschleißbeträgen und den üblicherweise angegebenen Werkstoffkennwerten sowie den Verschleißerscheinungsformen verallgemeinert werden können. Zum anderen ist zu überprüfen, ob ebenfalls sehr große Unterschiede im Verschleißverhalten auftreten, wenn neben dem bisher verwendeten Vergleichsstahl VA mit perlitischer Sekundärgefügeausbildung die neuentwickelten, hochfesten Stähle der Gruppe L (siehe Tabelle 18) als Werkstoffe für den bremsenden Prüfkörper zum Einsatz kommen. Die treibenden Prüfkörper bestehen dabei aus fünf ausgesuchten Stählen der ersten Versuchsgruppe (Punkt 6.7.1.), wobei neben dem Vergleichsstahl VL in beiden Festigkeitsstufen (VL und VL 3) die verbleibenden Stähle allein in der zweiten Festigkeitsstufe zum Einsatz kommen (CD 3; CA 3; ND 3). Diese Auswahl beruht auf der Überlegung, daß eine weitere Verbesserung des im Vergleich bereits erzielten, wesentlich günstigeren Verschleißverhaltens der Stahlkombinationen aus der Verschleißgruppe 1 (s. Bild 62) kaum noch möglich und technisch auch nicht erforderlich sein dürfte. Zum anderen könnte man eine Verbesserung des in der ersten Versuchsgruppe insgesamt ungünstigen Verschleißverhaltens der Werkstoffpaarungen mit den höherfesten Ausführungen der Stähle für treibende Prüfkörper erreichen, wenn diese nun in der zweiten Versuchsgruppe mit den ebenfalls hochfesten Stählen LA bis LE kombiniert werden.
Möglicherweise geht der Anteil des Zerrüttungsverschleißes am Gesamtverschleißmechanismus zurück, der allem Anschein nach die hohen Verschleißbeträge der bremsenden Prüfkörper aus dem Stahl VA verursacht (s. Punkt 6.7.1.4.5.), da aufgrund von Untersuchungen an geschmierten Wälzreibungssystemen - also solchen mit vergleichsweise geringen Reibungskräften - bekannt ist, daß die Erhöhung der Grenzschichtfestigkeit (z. B. durch Einsatzhärten) ein Mittel zur Reduzierung des Zerrüttungsverschleißes von Wälzflächen darstellt /8, 121, 122/. Weiterhin ist zu erwarten, daß sich das Zwischenstufengefüge der Stähle LD und LE im Vergleich zum Perlitgefüge der Stähle VA, LA und LB im Verschleißverhalten bemerkbar macht. Wegen der Vielzahl der Werkstoffpaarungen werden diese in einigen Ergebnisdiagrammen der besseren Übersicht wegen wiederum nur mit Hilfe der den Paarungen in Tabelle 24 vorangestellten Kennzahlen (mit zunehmendem Gesamtverschleiß von 41 bis 60 ansteigend) dargestellt. Zum unmittelbaren Vergleich sind auch immer die entsprechenden Ergebnisse aus der ersten Versuchsgruppe mit dem Vergleichsstahl VA als Gegenwerkstoff mitaufgeführt.

Auch hier teilt sich die Diskussion der Ergebnisse in zwei Gruppen. Zunächst werden die gemessenen Verschleißbeträge wieder den vor der Beanspruchung bekannten Werkstoffeigenschaften (chemische Zusammensetzung, mechanische Festigkeit, Gefügeausbildung) gegenübergestellt, eine Interpretation und Erklärung der Ergebnisse erfolgt dann anhand der Verschleißerscheinungsformen.

### 6.7.2.1. Zusammenhang von Verschleißbetrag und allgemeinen Werkstoffkennwerten

Die ersten Informationen über die Auswirkung des Einsatzes der hochfesten Stähle LA bis LE als Werkstoffe für die bremsenden Prüfkörper auf die Höhe der Verschleißbeträge enthält Bild 99. Dort sind die Ergebnisse gruppenweise bei jeweils gleichem Stahl für die treibenden Prüfkörper so aufgetragen, daß der vorangestellten, besonders kenntlich gemachten Paarung mit dem bisher verwendeten perlitischen Stahl VA zunächst die Kombinationen mit den ebenfalls perlitischen Stählen LA und LB folgen, dann die mit den Zwischenstufenstählen LE und LD, und zwar in beiden Fällen in der Reihenfolge steigender Zugfestigkeitswerte (VA → LA → LB; LE → LD). Zur leichteren Beurteilung sind in Bild 99 die Ergebnisgruppen außerdem in der Reihenfolge des steigenden Gesamtverschleißes angeordnet, den die ausgewählten Stähle für die treibenden Prüfkörper in der ersten Versuchsgruppe bei Kombination mit VA hervorgerufen haben (CD 3 → CA 3 → VL → VL 3 → ND 3).
Zunächst ist festzustellen, daß der Einsatz der hochfesten Stähle LA bis LE zum einen wie bei den Versuchen mit dem Vergleichsstahl VA ebenfalls zu sehr unterschiedlichen Verschleißbeträgen führt und zum anderen keine so geringen Verschleißbeträge erreicht werden, daß eine der Werkstoffpaarungen aus den hochfesten Stählen der Verschleißgruppe 1 - Gesamtverschleiß unter 10 µm - angehört. Weiterhin ist die Auswirkung je nach Werkstoff des treibenden Prüfkörpers sehr unterschiedlich. Während die neuen Stähle in allen Kombinationen mit dem Stahl CD 3 höhere Gesamtverschleißbeträge verursachen, treten bei allen anderen Werkstoffpaarungen mit Ausnahme der Kombination ND 3/LA zum Teil erhebliche Verbesserungen ein. Hervorzuheben sind einmal die Paarungen mit dem nur wenig legierten, martensitischen Stahl CA 3 und zum anderen die Kombination des perlitischen Vergleichsstahles VL in der Festigkeitsstufe I mit dem höherfesten Zwischenstufenstahl LE.
Innerhalb einer Gruppe mit jeweils gleichem Stahl für den treibenden Prüfkörper weichen die Gesamtverschleißbeträge nur in Einzelfällen merklich voneinander ab. Dagegen kann man erhebliche Unterschiede bei den Einzelverschleißbeträgen, also bei der Verteilung des Gesamtverschleißes auf den treibenden und den bremsenden Prüfkörper der einzelnen Werkstoffpaarungen feststellen. Insgesamt das "unempfindlichste" Verhalten bei Veränderung des Gegenwerkstoffes mit gleich hoher Zugfestigkeit zeigt der martensitische Stahl CA 3.

Ein unmittelbarer Zusammenhang zwischen den Legierungselementen der eingesetzten Kohlenstoffstähle und der Höhe der Verschleißbeträge kann hier ebensowenig aufgezeigt werden wie vorab in der ersten Versuchsgruppe mit dem Vergleichsstahl VA (s. Punkt 6.7.1.1.1.).
Gleiches gilt für die mechanischen Werkstoffkennwerte, wie in Bild 100 stellvertretend am Beispiel der Zugfestigkeit zu erkennen ist. Aufgetragen sind dort die Verschleißbeträge als Funktion des Quotienten beider Zugfestigkeitswerte $\sigma_{B,t}/\sigma_{B,b}$.

Der Gefügeeinfluß auf das Verschleißverhalten soll analog Bild 62 mit Hilfe einer chronologischen Zusammenstellung der Versuchsergebnisse nach steigendem Gesamtverschleiß untersucht werden. Wegen der viel größeren Kombinationsmöglichkeiten sind in Bild 101 in der Tabelle oberhalb der graphischen Ergebnisauftragung jedoch nicht die vollständigen, sondern nur die überwiegenden Gefügeanteile der treibenden und bremsenden Stähle einander gegenübergestellt.
Die Einteilung der Verschleißgruppen nach der Höhe des Gesamtverschleißes entspricht der bisherigen nach Tabelle 19. Eine besondere Schraffierung hebt die Vergleichspaarungen aus der ersten Versuchsgruppe mit dem Stahl VA von den übrigen Ergebnissen ab. Außerdem sind in der graphischen Auftragung auch die Gesamtverschleißbeträge mitaufgeführt, da hier im Gegensatz zu Bild 62 die Anteile der Einzelverschleißbeträge von treibendem und bremsendem Prüfkörper am Gesamtverschleiß nicht gleichfalls stetig zunehmen, sondern sehr unterschiedlich sind.
Zwei Besonderheiten kennzeichnen die Werkstoffpaarungen der Verschleißgruppen 2 und 3 mit den relativ niedrigen Verschleißbeträgen. Entweder bestehen die treibenden Prüfkörper unabhängig vom Gegenwerkstoff aus den kohlenstoffarmen Stählen CA 3 und CD 3 in der Festigkeitsstufe II mit Martensitgefüge oder aber aus dem perlitischen Vergleichsstahl VL in der Festigkeitsstufe I, wenn für die bremsenden Prüfkörper die höherfesten Stähle der Gruppe L verwendet werden. Ungünstig schneiden dagegen wie in der ersten Versuchsgruppe die Werkstoffpaarungen mit dem nickelhaltigen Stahl ND 3 ab, obwohl dieser auch über eine überwiegend martensitische Gefügeausbildung verfügt. Die Ursache könnte darin liegen, daß er neben einem Anteil an Zwischenstufengefüge auch noch 10 % Perlit enthält. Auch ein fast immer ungünstiges Verschleißverhalten weisen Werkstoffpaarungen dann auf, wenn beide Stähle ein perlitisches Sekundärgefüge haben.

Naturgemäß können sich hier bei den vielfältigen Kombinationsmöglichkeiten der "Gefügepaarungen" keine so klaren Zusammenhänge zur Höhe der Verschleißbeträge abzeichnen wie in der ersten Versuchsreihe bei alleiniger Variation der Stähle für die treibenden Prüfkörper.
Dennoch kann man zusammenfassend aus diesen und den vorher geschilderten Ergebnissen ableiten, daß bei technisch trokkener Wälzreibung ein günstiges Verschleißverhalten am ehesten zu erwarten ist, wenn der antreibende Körper ein reines Vergütungsgefüge (bei hinreichender Temperatur angelassener Martensit oder Zwischenstufe ohne weitere Gefügebestandteile, vor allem ohne Perlit) aufweist. Eine Zugfestigkeit über 1000 bis 1100 $N/mm^2$ wirkt sich eher nachteilig als positiv aus. Der Gegenwerkstoff sollte in diesem Falle unabhängig von der Gefügeausbildung etwa die gleiche Festigkeit haben. Besteht der antreibende Körper dagegen aus einem perlitischen Kohlenstoffstahl mit einer Zugfestigkeit um 850 $N/mm^2$, sollte der Gegenwerkstoff möglichst ein Vergütungsgefüge mit einer Festigkeit von 1000 $N/mm^2$ aufweisen.

Diese Aussagen sind nicht als Gesetzmäßigkeiten, sondern als wahrscheinliche Ergebnisse aufgrund dieser Untersuchungsreihen zu verstehen. Abweichungen können nicht ausgeschlossen werden. Zuverlässigere Vorhersagen allein aufgrund der bisher üblicherweise angegebenen Werkstoffkennwerte dürften nur sehr schwer zu erreichen sein. Ein genormtes Prüfverfahren zum Verschleißverhalten von Metallen könnte sicherlich bessere Anhaltspunkte bieten.

### 6.7.2.2. Zusammenhang von Verschleißbetrag und Verschleißerscheinungsform

Wie in der ersten Versuchsgruppe mit dem Vergleichsstahl VA als alleinigem Werkstoff für die bremsenden Prüfkörper besteht auch bei Einsatz der neuentwickelten Stähle LA bis LE kein Zusammenhang zwischen der Höhe des Verschleißbetrages und der Größe, Form, Farbe oder der chemischen Zusammensetzung der angefallenen Verschleißpartikel. Gleiches gilt für das Verschleißbild und die Rauheit der beanspruchten Oberflächen. Allerdings läßt sich anhand dieser Verschleißerscheinungsformen wiederum eindeutig Schichtverschleiß als vorherrschender Verschleißmechanismus identifizieren. Weiterhin besteht auch hier die einzig erkennbare Beziehung zwischen Betrag und Erscheinungsform des Verschleißes darin, daß die Gesamtverschleißbeträge ebenfalls mit steigenden Oberflächenverfestigungen bzw. Grenzschichtverformungen anwachsen, wie in Bild 102 der Auftragung gegen den Gesamtverfestigungsgrad $\Sigma k_f$ als dimensionsloses Maß für die Härtesteigerung der beanspruchten Oberflächen analog zu Bild 84 zu entnehmen ist. Übereinstimmung besteht zwischen den beiden Versuchsgruppen auch darin, daß die Einzelverschleißbeträge der treibenden und bremsenden Prüfkörper ($\Delta R_t$; $\Delta R_b$) keine Funktionen der Einzelverfestigungsgrade ($k_{f,t}$; $k_{f,b}$) sind, Bild 102.

Alle weiteren Betrachtungen über Zusammenhänge zwischen Betrag und Erscheinungsform des Verschleißes bei technisch trockener Wälzreibung, z. B. in Hinblick auf die häufig anzutreffende Empfehlung, ein günstiges Verschleißverhalten durch Kombination von Werkstoffen unterschiedlicher Härte erzielen zu können, hier die gemessenen Verschleißbeträge mit dem Quotienten aus den Härtesteigerungen beider Prüfkörper in Verbindung bringen zu wollen, Bild 103, führen zu keinem positiven Ergebnis.

## 7. Zusammenfassung

Für die praktische Anwendung besteht das wichtigste Ergebnis der im Rahmen dieses Vorhabens durchgeführten Versuchsreihen darin, daß allein durch die Verwendung anderer als der bisher in der Praxis eingesetzten Kohlenstoffstähle für den antreibenden Körper eines bei technisch trockener Reibung arbeitenden Wälzreibungssystems dessen Verschleißverhalten erheblich zu verbessern ist. Sowohl der Gesamtverschleiß als auch die Einzelverschleißbeträge des treibenden und des bremsenden Prüfkörpers können auf deutlich weniger als ein Zehntel des Verschleißes reduziert werden, den die günstigste Vergleichsstahlpaarung aufweist.
Insgesamt treten jedoch je nach Festigkeit und Gefügeausbildung der in diesem Wälzreibungssystem miteinander kombinierten Kohlenstoffstähle noch sehr viel größere Unterschiede in den Verschleißbeträgen auf, beim Gesamtverschleiß von mehr als einem Faktor 30, bei den Einzelverschleißbeträgen bis zu zwei Zehnerpotenzen.
Die einzelnen Ergebnisse der mehr als fünfzig verschiedenen, in den Hauptversuchsreihen zum Einsatz gelangten Werkstoffpaarungen stellen Mittelwerte aus mindestens zwei Einzelversuchen unter völlig gleichen Beanspruchungsbedingungen dar, bei denen die Standardabweichung unter zehn Prozent lag. Die Versuche konnten in diesem Falle alle unter gleichen Bedingungen bei alleiniger Veränderung der Prüfkörperwerkstoffe durchgeführt werden, da einmal aufgrund vorausgegangener Arbeiten und zum anderen der speziellen Vorversuchsreihen die Auswirkungen veränderter Beanspruchungsparameter in einem genügend großen Bereich bekannt sind. Lediglich der Einfluß der Bewegungsgeschwindigkeit als einer der am häufigsten veränderten Parameter eines Reibungssystems wurde an zusätzlichen Werkstoffpaarungen durch Steigerung der Prüfkörperdrehzahl um 50 % von 200 auf 300 $min^{-1}$ überprüft. In allen Fällen bestätigte sich dabei jedoch die in den Vorversuchsreihen mit den Vergleichsstahlpaarungen aufgetretene Zunahme des Verschleißes bei erhöhter Drehzahl.

Zur Erklärung der sehr unterschiedlichen Verschleißbeträge dieser Werkstoffpaarungen aus den sich zunächst nicht grundlegend unterscheidenden Vergütungsstählen wurden einmal die vor der Beanspruchung bekannten Werkstoffeigenschaften und zum anderen die von den Beanspruchungsparamtern sowie der Werkstoffpaarung abhängenden Größen Reibungszahl und Verschleißerscheinungsform herangezogen. Die wichtigsten Ergebnisse lassen sich wie folgt zusammenfassen:

1. Ein offensichtlicher Zusammenhang zwischen der Höhe der Verschleißbeträge und den - systematisch veränderten - Legierungselementen der Stähle für die treibenden Prüfkörper (s. Punkt 6.6.2.), z. B. für den Kohlenstoff, der die Stahleigenschaften bekanntermaßen am stärksten beeinflußt, oder für Nickel, das die Mischkristallbildung sowie die Durchhärtung fördert, oder auch für Chrom als Sonderkarbidbildner, war nicht festzustellen. Bei Anteilen unter fünf Gewichtsprozent scheinen daher die

Legierungselemente nur mittelbar über ihre Auswirkung auf die mechanischen Eigenschaften sowie die Gefügeausbildung und Karbidverteilung der eingesetzten Vergütungsstähle Einfluß auf das Verschleißverhalten von Wälzreibungssystemen zu nehmen.

2. Auch anhand der üblicherweise angegebenen mechanischen Werkstoffkennwerte sind keine Vorhersagen über das zu erwartende Verschleißverhalten einer Werkstoffpaarung bei Beanspruchung durch technisch trockene Wälzreibung möglich. Dies trifft sowohl für die im einachsigen Zugversuch gleichzeitig ermittelte Zugfestigkeit $\sigma_B$, Streckgrenze $\sigma_S$, Bruchdehnung $\delta$, Brucheinschnürung $\psi$ und die im Schlagversuch bestimmte Kerbschlagzähigkeit $a_k$ zu als auch für das Streckgrenzenverhältnis $\sigma_S/\sigma_B$ sowie die dem Umlaufbiegeversuch entnommene Dauerfestigkeit $\sigma_D$.
Einzig bei Kohlenstoffstählen gleicher chemischer Zusammensetzung und auch gleicher Sekundärgefügeausbildung kann man davon ausgehen, daß mit einer im Vergütungsprozeß durch geringere Anlaßtemperatur erzielten höheren Werkstoffestigkeit der Verschleiß beider Körper eines solchen Wälzreibungssystems ebenfalls ansteigen wird.

3. Ein praktisch nutzbarer Zusammenhang besteht zwischen der Höhe der Verschleißbeträge und der sich im Vergütungsprozeß einstellenden Sekundärgefügeausbildung der Vergütungsstähle. So sind bei den gewählten Beanspruchungsbedingungen die geringsten Verschleißbeträge zu erwarten, wenn der Stahl des antreibenden Körpers ein bei hinreichend hoher Temperatur angelassenes, reines Vergütungsgefüge ohne sonstige Gefügebestandteile, besonders ohne größere Perlitanteile, aufweist und der bremsende Körper aus einem Stahl etwa gleicher Festigkeit besteht, unabhängig von der Gefügeausbildung. Dagegen sind hohe Verschleißbeträge immer dann zu erwarten, wenn perlitische Stähle gleicher Festigkeit miteinander kombiniert werden oder aber ein Körper des Wälzreibungssystems aus einem lediglich gehärteten bzw. nur bei geringer Temperatur angelassenen Stahl sehr hoher Festigkeit besteht.

4. Die meßtechnisch erfaßbare Reibungszahl $\mu$ als Bestimmungsgröße für die Reibungskraftbeanspruchung der Oberflächen steht hier in keiner Beziehung zur Höhe der gemessenen Verschleißbeträge.

5. Die verschiedenen Verschleißerscheinungsformen tragen sehr unterschiedlich zur Erklärung der gemessenen Verschleißbeträge bei. Während die Untersuchung der angefallenen Verschleißpartikel nach Größe, Form, Farbe und chemischer Zusammensetzung überhaupt keine Aussage zuläßt, stellen die Verschleißbilder in Form von rasterelektronenmikroskopischen Aufnahmen der beanspruchten Oberflächen immerhin schon ein gutes Hilfsmittel zur Bestimmung des vorherrschenden Verschleißmechanismus dar, sie geben aber noch keinen Anhaltspunkt für die Höhe der Verschleißbeträge. Auch die nach

einer Beanspruchung zu messende Rauheit der Oberflächen läßt eher eine Aussage über die mittlere Schichtdicke der sich ablösenden Reaktionsschichten bzw. Verschleißteilchen als über die Verschleißbeträge zu.
Dagegen nimmt mit steigender Verfestigung der Oberflächen als Folge der Wälzbeanspruchung der Verschleiß ebenfalls zu. Während die Einzelverschleißbeträge nicht in allen Fällen von der Verfestigung des jeweiligen Körpers abhängen, bleibt dieser Zusammenhang für den Gesamtverschleiß als Funktion der Gesamtverfestigung beider Prüfkörper immer erhalten, auch bei Auftragung über den dimensionslosen Verfestigungsgrad, der als Quotient aus der Härtesteigerung und der Ausgangshärte eher Aussagen von gewisser Allgemeingültigkeit zulassen dürfte als die gemessenen Absolutbeträge.
Im Sinne einer vorbeugenden Instandhaltung ist dieses Ergebnis bei der Kontrolle und Überwachung von Wälzreibungssystemen in der Praxis nutzbar, wenn unmittelbare Verschleißmessungen nicht möglich, die betreffenden Elemente aber für eine Härtemessung zugänglich sind.
Da die verfestigte Oberfläche den äußeren Bestandteil der gesamten Prüfkörpergrenzschicht bildet, ist es nahezu selbstverständlich, daß auch mit zunehmender Verformung der Grenzschichten, visuell anhand von metallographischen Schliffen ermittelt, ein Ansteigen des Verschleißes einhergeht.
Darüber hinaus deuten Risse, die je nach Gefügeausbildung und Anlaßtemperatur der Werkstoffe außer im Bereich der sich ablösenden Reaktionsschicht auch im plastisch verformten Gefüge der Grenzschicht auftreten, auf einen dem Schichtverschleiß überlagerten Anteil an Zerrüttungsverschleiß hin, der ebenfalls als Ursache der erhöhten Verschleißbeträge anzusehen ist.

Die derzeitigen elektronenmikroskopischen Untersuchungsverfahren haben in vielen Bereichen der Forschung zu neuen grundlegenden Erkenntnissen geführt. So konnten durch die Untersuchungen mit dem Rasterlelektronenmikroskop die unterschiedlichen Verschleißmechanismen anhand der Oxidschichtausbildung deren Aussehen und Vorkommen sowie der Lage und Tiefe (bzgl. der oxidischen Deckschicht) der Anrisse festgestellt werden. Allerdings wurden keine typischen, aus der Fraktographie bekannten mikroskopischen "Bruchmerkmale" beobachtet, mit deren Hilfe das unterschiedliche Verschleißverhalten der Werkstoff- und Gefügepaarungen erklärt werden könnte.
Eine Lösung dieses Problems kann eine Analyse der Reaktionsschicht bringen. Hier bieten sich als Oberflächenanalysenverfahren auf dem Gebiet der Elektronenmikroskopie die Auger-Elektronen-Spektroskopie (AES), die Sekundär-Ionen-Massen-Spektrometrie (SIMS) und die Photoelektronenspektroskopie (ESCA) an.
Den Oberflächenanalysenverfahren ist gemein, daß sie Sekundärteilchen, die durch Beschuß der Probe mit Primärteilchen entstehen, analysieren. Als Primär- und Sekundärteilchen kommen Photonen, Elektronen und Ionen positiver und negativer

Polarität infrage. Die Oberflächenempfindlichkeit aller Verfahren kommt dadurch zustande, daß die Sekundärteilchen nur eine geringe Strecke (größenordnungsmäßig einige Zehntel Nanometer) im Festkörper ungestört zurücklegen können, ohne unelastisch gestreut oder neutralisiert zu werden.
Diese Verfahren ermöglichen den Nachweis von Elementen (AES) und Verbindungen (SIMS), die in einer Reaktionsschicht an der Oberfläche vorhanden sind, sowie eine quantitative Analyse der Reaktionsschicht (ESCA).

## 8. Literaturverzeichnis


/ 1/ Krause, H.; Scholten, J.: "Einflußfaktoren auf das Reibungs- und Verschleißverhalten des Rad/Schiene-Systems" 5. Internationaler Radsatzkongreß 20. - 24. Oktober 1975, Tokio

/ 2/ Krause, H.; Scholten, J.: "Untersuchungen über das Wälzreibungs- und Abnutzungsverhalten von Titan und Titanlegierungen" Forschungsbericht des Landes Nordrhein-Westfalen Nr. 2667, Westdeutscher Verlag, Opladen, 1977

/ 3/ Bugarcic, H.: "Einfluß der Feuchtigkeit auf mechanisch-chemische Vorgänge bei Reibungsbeanspruchung von Armco-Eisen, Einsatz- und Radreifenstahl unter Verwendung einer neukonstruierten Reibungsprüfmaschine"

/ 4/ N. N. "Dubbel - Taschenbuch für den Maschinenbau, Band I und II" 13. Auflage, Springer-Verlag, Berlin, Heidelberg, New York, 1970

/ 5/ N. N. "Hütte - Des Ingenieurs Taschenbuch Maschinenbau, Teil A und B" 28. Auflage, Verlag von Wilhelm Ernst und Sohn, Berlin, 1960

/ 6/ N. N. "Hütte - Taschenbuch für Betriebsingenieure (Betriebshütte) Band I, Fertigungsverfahren" 6. Auflage, Verlag von Wilhelm Ernst und Sohn, Berlin, München, 1964

/ 7/ N. N. "Kröners Taschenbuch der Maschinentechnik, Band I und II" Alfred Kröner Verlag Stuttgart, 1954

/ 8/ Niemann, G.: "Maschinenelemente, erster Band, 6. Auflage - 1963 und zweiter Band - 1961" Springer-Verlag Berlin, Göttingen, Heidelberg

/ 9/ ten Bosch, M.: "Berechnung der Maschinenelemente" 3. Auflage, Springer-Verlag Berlin, Göttingen, Heidelberg, 1951

/10/ Köhler; Rögnitz: "Maschinenteile I und II" 2. Auflage, B. G. Teubner Verlagsgesellschaft, 1964

/11/ Findeisen, F.: "Neuzeitliche Maschinenelemente" Band I, II und III Schweizer Druck- und Verlagshaus AG, Zürich 8, 1953

/12/ Decker, K.H.: "Maschinenelemente - Gestaltung und Berechnung" 4. Auflage, 1968, Carl Hanser Verlag, 1968

/13/ N. N. "DIN 50320 - Vornorm - Verschleiß Begriff, Analyse von Verschleißvorgängen, Gliederung des Verschleißgebietes" Fachnormenausschuß Materialprüfung im Deutschen Normenausschuß, 1953

/14/ Eisenkolb, F.: "Einführung in die Werkstoffkunde, Band I, II, III und IV" VEB Verlag Technik, Berlin, 1961

/15/ Domke, W.: "Werkstoffkunde und Werkstoffprüfung" 2. Auflage, 1964, Verlag W. Giradet, Essen

/16/ Böhm, H.: "Einführung in die Metallkunde" B.I. Hochschultaschenbücher, Band 196, 1968

/17/ Hornbogen, E.: "Werkstoffe - Aufbau und Eigenschaften" Springer-Verlag, Berlin, Heidelberg, New York, 1973

/18/ Peeken, H.: "Maschinenelemente I und II" Vorlesungsdruck, Institut für Maschinenelemente und Maschinengestaltung der RWTH Aachen, 1974

/19/ Krause, H.: "Mechanisch-chemische Reaktion bei der Abnutzung von St 60, V2A und Manganhartstahl" Diss. TH Aachen, 1966

/20/ Krause, H.: "Der Einfluß des Kohlenstoffgehalts auf das Abnutzungsverhalten unlegierter Stähle" VDI-Fortschritt-Berichte, Reihe 5, Nr. 6, 1968

/21/ Lang, O.: "Tribologie - Reibung, Verschleiß, Schmierung" Forschungsbericht T 76-38 des BMFT, 1976

/22/ N. N. — "Rahmenprogramm Forschung und Entwicklung zur Sicherung der Rohstoffversorgung 1978 - 1979" Herausgeber: Der Bundesminister für Forschung und Technologie, Bonn 1976 Druck: MZ-Druck, Regensburg

/23/ N. N. — "Optimale Rohstoffnutzung - eine Aufgabe für den Ingenieur" VDI '77, Deutscher Ingenieurtag - Vortragskurzfassungen; Beilage in den VDI-Nachrichten Nr. 13/1. April 1977

/24/ Kirschke, K.: — "Dokumentation Tribologie - Verschleiß, Reibung und Schmierung" Bundesanstalt für Materialprüfung (BAM) Berlin, Fachgruppe Rheologie und Tribologie

/25/ Ludeman, K.C.: — "Diskussionsbeitrag zum Vortrag Nr. 3 der Konferenz 'Wear of Materials'" 25. ÷ 28. 4. 1977, St. Louis, USA

/26/ Wahl, H.; Gebauer, K.: — "Verschleißprüfung von Hartchromschichten" Metalloberfläche 2 (1948) Nr. 2, S. 25 - 37

/27/ Wahl, H.: — "Praktische Verschleißprüfung" Archiv für Metallkunde 3 (1949) Nr. 4, S. 121 - 128

/28/ Wahl, H.: — "Verschleißfestigkeit und Wirtschaftlichkeit von Auftragschweißungen" Metalloberfläche 2 (1948) Nr. 8, S. 169 - 170

/29/ Khruschov, M.M.: — "Resistance of Metals to Wear by Abrasion, as related to Hardness" Proc. of Conf. on Lubr. and Wear Inst. Mech. Engrs. 1957, S. 655 - 659

/30/ Khruschov, M.M.: — "Principles of abrasive Wear" Wear 28 (1974) S. 69 - 88

/31/ Wellinger, K.; Uetz, H.; Gürleyik, M.: — "Gleitverschleiß-Untersuchungen an Metallen und nichtmetallischen Hartstoffen unter Wirkung körniger Stoffe" Wear 11 (1968) S. 173 - 199

/32/ Richardson, R.C.D.: — "The Wear of Metals by hard Abrasives" Wear 10 (1967) S. 291 - 309

/33/ Richardson, R.C.D.: "The Maximum Hardness of strained Surfaces and die abrasive Wear of Metals and Alloys" Wear 10 (1967) S. 353 - 382

/34/ Moore, M.A.: "The Relationship between the abrasive Wear Resistance, Hardness and Microstructure of ferritic Materials" Wear 28 (1974) S. 59 - 68

/35/ Burwell, J.T.: "Metallic Wear" Proc. Roy. Soc. Bd. A 212 (1957) S. 470

/36/ Burwell, J.T.: "Survey of possible Wear Mechanisms" Wear 1 (1957/58) S. 119 - 141

/37/ Rabinowicz, E.: "Friction and Wear Properties of Rhenium" Wear 10 (1967) S. 313 - 318

/38/ Archard, J.F.: "Contact and Rubbing of Flat Surfaces" J. Appl. Phys. 24 (1953) Nr. 8, S. 981 - 988

/39/ Archard, J.F.; Hirst, W.: "The Wear of Metals under unlubricated Conditions" Proc. Roy. Soc. Bd. A 236 (1956) S. 397

/40/ Hirst, W.: "Wear of unlubricated Metals" Proc. of. Conf. on Lubr. and Wear Inst. Mech. Engrs. 1957, S. 674 - 681

/41/ Welsh, N.C.: "Frictional Heating and Its Influence on the Wear of Steel" J. Appl. Phys. 28 (1957) Nr. 9, S. 960 - 968

/42/ Welsh, N.C.: "The dry Wear of Steels" Phil. Trans. Roy. Soc. London A 1077 (1965) S. 31 - 70

/43/ Selwood, A.: "The Abrasion of Materials by Carborundum Paper" Wear 4 (1961) S. 311 - 318

/44/ Avary, H.S.: "The Measurement of Wear Resistance" Wear 4 (1961) S. 427 - 449

/45/ Horstmann, K.H.: "Experimentelle Untersuchung der Grübchenbildung an vergüteten Zahnrädern" Schmierungstechnik 7 (1976) Nr. 9, S. 261 - 265

/46/ Opitz, H.; Hensen, F.; Domrös, D.: "Verschleißuntersuchungen an Werkzeugmaschinen-Führungen unter besonderer Berücksichtigung des Freßverschleißes" Forschungsbericht Nr. 1497 des Landes Nordrhein-Westfalen Westdeutscher Verlag, Köln und Opladen, 1965

/47/ Opitz, H.: "Einflußgrößen auf das Reibungs- und Verschleißverhalten von Werkzeugmaschinen-Gleitführungen" Schmierungstechnik 1 (1970) Nr. 8, S. 245 - 250

/48/ Katzenmeier, G.: "Das Verschleißverhalten und die Tragfähigkeit von Gleitlagern im Übergangsbereich von der Vollschmierung zur partiellem Tragen" Diss. TU Karlsruhe, 1972

/49/ Wahl, W.: "Untersuchungen über die Bestimmung der Verschleißbeständigkeit und Bruchneigung von harten Werkstoffen, insbesondere Hartguß" Diss. TU Stuttgart, 1970

/50/ Salomon, G.; Beekhaus, D.A.: "A Systematic Analysis of Wear Problems" (in Dutch), Polytechnisch Tijdschrift A, Part II, no. 1/2 (1955) Ref. 7 aus /53/

/51/ Rabinowicz, E.: "Frictional Properties of Titanium and Its Alloys" Metall Progress, 65 (1954) Nr. 2, S. 107 - 110

/52/ Salomon, G.: "From Wear Research to Tribology", Editorial, Wear 12 (1968) Nr. 1 - 2

/53/ Salomon, G.: "Tribology on the European Continent" - Letter from Europe Lubr. Eng. 29 (1973) Nr. 7, S. 288 - 292

/54/ Salomon, G.: "Application of Systems Thinking to Tribology" ASLE Trans. 17 (1974) Nr. 4, S. 295 - 299

/55/ Salomon, G.: "The Structure of Tribological Systems" Letter from Europe Lubr. Eng. 32 (1976) Nr. 9, S. 458 - 462

/56/ Czichos, H.: "The Principles of System Analysis and their Application to Tribologie" ASLE 17 /1974) Nr. 4, S. 300 - 306

/57/ Czichos, H.; Habig, K.H.: "Grundvorgänge des Verschleißes metallischer Werkstoffe - Neuere Ergebnisse der Forschung -" VDI-Bericht Nr. 194 (1973), S. 23 - 31

/58/ Czichos, H.: "Systemanalyse und Physik tribologischer Vorgänge" Teil 1: Grundlagen Teil 2: Anwendungen Schmiertechnik + Tribologie 22 (1975) Nr. 6, S. 126 - 130 und 23 (1976) Nr. 1, S. 6 - 12

/59/ Habig, K.H.; Czichos, H.: "Eine auf der Systemanalyse von Reibungs- und Verschleißvorgängen aufbauende Methodik zur Auswahl von tribotechnischen Werkstoffen" Z. f. Werkstofftechnik 7 (1976), S. 247 - 251

/60/ Czichos, H.: "Die systemtechnischen Grundlagen der Tribologie" Schmiertechnik + Tribologie 24 (1977) Nr. 5, S. 109 - 113

/61/ Uetz, H.; Föhl, J.: "Verschleiß und Reibung als komplexe mechanisch-physikalisch-chemische Prozesse" Erzmetall, 23 (1970) Nr. 5, S. 205 - 214

/62/ Uetz, H.; Föhl, J.: "Prüftechnik bei einem Verschleißsystem aufgrund der Verschleißanalyse, insbesondere der thermischen Analyse" VDI-Bericht 194 (1973), S. 57 - 67

/63/ Uetz, H.; Föhl, J.: "Erscheinungsformen von Verschleißschäden" VDI-Bericht 243 (1975), S. 127 - 142

/64/ Kloos, K.H.: "Werkstoffoberfläche und Verschleißverhalten in Fertigung und konstruktiven Anwendungen" VDI-Bericht 194 (1973), S. 5 - 21

/65/ Broszeit, E.: "Modell-Verschleißprüftechnik" VDI-Bericht 194 (1973), S. 45 - 56

/66/ Kloos, K.H.; Broszeit, E.: "Verschleißschäden durch Oberflächenermüdung" VDI-Bericht 243 (1975), S. 189 - 204

/67/ Heinke, G.: "Verschleiß - eine Systemeigenschaft; Auswirkungen auf die Verschleißprüfung" Z. f. Werkstofftechnik 6 (1975) Nr. 5, S. 164 - 169

/68/ Mølgaard, J.: "Die Entwicklung von Verschleißprozeßthesen" Schmiertechnik + Tribologie 23 (1976) Nr. 5, S. 126 - 130

/69/ Mølgaard, J.; Czichos, H.: "The Application of Systems Techniques to the Study of Wear" Proc. of the International Conference on Wear of Materials, St. Louis, Missouri, USA, April 25. - 28., 1977 S. 30 - 35

/70/ N. N. "DIN 50320 - Verschleiß; Begriffe, Systemanalyse von Verschleißvorgängen, Gliederung des Verschleißgebietes" Entwurf Nov. 1976, Fachnormenausschuß Materialprüfung (FNM) im DIN Deutsches Institut für Normung e.V.

/71/ Kloos, K.H.: "Werkstoffpaarung und Gleitreibungsverhalten in Fertigung und Konstruktion" Fortschr.-Ber. VDI-Z. Reihe 2, Nr. 25, 1972

/72/ N.N. "DIN 4760 - Begriff für die Gestalt von Oberflächen" Ausgabe Juli 1960, Ausschuß Oberflächen im Deutschen Normenausschuß (DNA)

/73/ N. N. "DIN 4762 - Erfassung der Gestaltabweichung 2. - 5. Ordnung an Oberflächen an Hand von Oberflächenschnitten" Ausgabe August 1960, Ausschuß Oberflächen im Deutschen Normenausschuß (DNA)

/74/ N. N. "DIN 4768, Vornorm - Ermittlung der Rauheitsmeßgrößen Ra, Rz, $R_{max}$. mit elektrischen Tastschrittgeräten" Ausgabe Oktober 1970, Ausschuß Oberflächen im Deutschen Normenausschuß (DNA)

/75/ Schmaltz, G.: "Technische Oberlfächenkunde, Feingestalt und Eigenschaften von Grenzflächen technischer Körper, insbesondere der Maschinenteile" Springer-Verlag Berlin, 1936

/76/ Broszeit, E.: "Modellverschleißuntersuchungen über den Einfluß des Zwischenmediums auf das Gleitverhalten unterschiedlicher Werkstoffpaarungen" Diss. TH Darmstadt, 1972

/77/ Kragelskii, I.W.: "Reibung und Verschleiß" Carl Hanser-Verlag München, 1971

/78/ Bowden, F.P.; Tabor, D.: "The Friction and Lubrication of Solids - Part 1" Oxford, at the Clarendon Press, 1971

/79/ Drescher, H.: "Zur Mechanik der Reibung zwischen festen Körpern" VDI-Z. 101 (1959) Nr. 17, S. 697 - 707

/80/ Pursche, G.: "Neue grundsätzliche Überlegungen zum Werkstoffverschleiß" die Technik 27 (1972) Nr. 7, S. 452 - 462

/81/ Buckley, D.H.: "Adhesion of metals to a clean iron surface studied with LEED and Auger emission spectroscopy" Wear, 20 (1972), S. 89

/82/ Czichos, H.: "The mechanism of the metallic adhesion bond" J. Phys. D.: Appl. Phys. 5 (1972) S. 1890

/83/ Heinke, G.: "Modellverschleißuntersuchungen an metallischen Werkstoffpaarungen im Vakuum bis zu Drücken von $10^{-9}$ Torr - Möglichkeiten der Anwendung der Vakuumversuchstechnik zur Untersuchung von Verschleißvorgängen bei der metallischen Berührung" Diss. TH Darmstadt, 1968

/84/ Fink, M.; Euteneuer, H.: "Ein Beitrag zur Klärung der Abnutzung bei rollender Reibung mit Schlupf an Elektrolytkupfer" Forschungsbericht Nr. 1102 des Landes Nordrhein-Westfalen, Westdeutscher Verlag, Köln und Opladen, 1962

/85/ Krause, H.: "Tribochemische Reaktionen bei der Wälzreibung von Nickel" Z. f. prakt. Metallbearbeitung
62 (1968) H. 12, S. 640 - 644 (Teil I)
63 (1969) H. 7, S. 390 - 392 (Teil II)

/86/ Krause, H.: "Einfluß tribochemischer Reaktionen auf den Reibungs- und Abnutzungsvorgang von Titan" Schmierungstechnik 3 (1972) Nr. 1, S. 4 - 10

/87/ Krause, H.; Janas, S.: "Über das Wälzreibungsverhalten von Aluminium" Metall 28 (1974) Heft 9, Sept., S. 895 - 901

/88/ Krause, H.: "Der Einfluß der Luftfeuchtigkeit auf das Wälzreibungsverhalten von Feingold" Metall 23 (1969) Heft 7, S. 672 - 677

/89/ Krause, H.: "Tribochemische Reaktionen bei der Wälzreibung von Eisen" Schmiertechnik und Tribologie 17 (1970) Nr. 2, S. 76 - 87

/90/ Fink, M.: "Neuere Ergebnisse auf dem Gebiet der Verschleißforschung" Organ für Fortschritte des Eisenbahnwesens 84 (1929) Nr. 20, S. 405 - 412

/91/ Krause, H.: "Metallographische Untersuchungen an tribochemischen Reaktionsschichten" Prakt. Metallographie 6 (1969) Heft 3, S. 167 - 171

/92/ Demirci, A.H.: "Untersuchungen über bevorzugte Kristallorientierung (Textur) unter Berücksichtigung der Gesamtheit werkstofflicher Veränderungen in den Grenzschichten eines metallischen Wälzsystems" Diss. TH Aachen, 1978

/93/ Krause, H.; Demirci, A.H.: "Factors influencing the real trend of the coefficient of friction of two eleastic bodies rolling over each other in the presence of dry friction" In: The Mechanics of the Contact between deformable Bodies (Proceedings of the Symposium ot the International Union of Theoretical and Applied Mechanics (IUTAM) - Enschede, Netherlands, 20.-23. August 1974) Edited by A.D. de Pater and J.J. Kalker Delft University Press - 1975, S. 342 - 358

/ 94/ Krause, H.; Demirci, A.H.: "Final Texture of Copper Subjected to Frictional Stresses" Wear, 37 (1976) No. 1, S. 53 - 61

/ 95/ Krause, H.; Demirci, A.H.: "Texturentwicklung infolge Reibungsbeanspruchung im Kontaktflächenbereich untereutektischer Kohlenstoffstähle" Z. Metallkunde 69 (1978) Nr. 2, S. 108 - 113

/ 96/ Krause, H.; Jühe, H.H.: "Internal Stresses during Rolling Friction and their Evaluation" Wear, 41 (1977) No. 1, S. 15 - 23 Vortragsveröffentlichung: paper presented at the 5th Meeting of IRG-OECD at CNRS, Paris, April 1976

/ 97/ Christ, E.: "Röntgenographische Ermittlung und Bewertung von Randschichteigenspannungen nach einer Wälzbeanspruchung" Diss. TH Aachen, 1976

/ 98/ Krause, H.; Christ, E.: "Das röntgenographische Spannungsmeßverfahren, Prinzip und Anwendung - Ermitteln von Eigenspannungen in den Oberflächen von Wälzkörpern und Eisenbahnrädern" VDI-Z 117 (1975) Nr. 19, S. 884 - 890

/ 99/ Krause, H.; Christ, E.: "Ein $\psi$-Goniometer für die röntgenographische Spannungsmessung" VDI-Z 118 (1976) Nr. 16, August, S. 763 - 768

/100/ Krause, H.; Christ, E.: "Last- und Eigenspannungen eines Radreifens" Eisenbahntechn. Rundschau ETR 25 (1976) Nr. 12, S. 748 - 752

/101/ Krause, H.; Jühe, H.H.: "Röntgenographische Eigenspannungsmessungen an Oberflächen wälzbeanspruchter Kohlenstoffstähle" Härterei-Technische Mitteilungen, HTM 31 (1976), S. 168 - 170

/102/ Amsler, A.J.: "Abnutzungsmaschine für Metalle", Typ 135, Beschreibung 14 D der Firma A.J. Amsler u. Co., Schaffhausen, Schweiz

/103/ Trebst, W.; Schubert, H.D.: "Gleit- und Rollverschleißprüfeinrichtungen für Metallpaarungen ohne Zwischenstoff" Wiss. Z. d. Hochschule f. Verkehrswesen "Friedrich List" Dresden, 16 (1969) Nr. 1, S. 85 - 94

/104/ Benzing, R. et al.: "Friction and Wear Devices" ASLE, 838 Busse Highway, Park Ridge, Ill. 60068, 2nd Edition, 1976

/105/ Heller, W.; Jäniche, W.: "Entwicklung von Schienen für hohe Achslasten" Braunkohle, Wärme und Energie (1964) Nr. 7, 289 - 300

/106/ Heller, W.: "Zur Entwicklung und Weiterentwicklung der Güte- und Gebrauchseigenschaften heutiger Schienenstähle" ETR 20 (1971) Nr. 1/2, S. 71 - 78

/107/ Heller, W.: "Herstellung, Eigenschaften und Betriebsverhalten von naturharten Schienen aus Chrom-Mangenstahl mit 110 $kp/mm^2$ Mindestfestigkeit" ETR 21 (1972) Nr. 5, S. 176 - 183

/108/ Heller, W.; Schumacher, G.: "Schienen für hochbeanspruchte Gleise" Techn. Mitt. Krupp-Werksberichte 32 (1974) Nr. 1, S. 21 - 27

/109/ Heller, W.: "Möglichkeiten der Schienenentwicklung für einen Hochleistungsschnellverkehr" Techn. Mitt. Krupp-Werksberichte 33 (1975) Nr. 2, S. 73 - 77

/110/ Vogelpohl, G.: "Verschleiß in Maschinen und die Möglichkeiten seiner Verminderung mit Hilfe der auf Ölprüfgeräten gewonnenen Ergebnisse" Erdöl und Kohle, Erdgas, Petrochemie 14 (1961) Nr. 10, S. 824 - 829

/111/ Vogelpohl, G.: "Verschleißmaß und Verschleißspektrum" Forsch. Ing.-Wes. 35 (1969) Nr. 1, S. 1 - 6

/112/ Houdremont, E.: "Handbuch der Sonderstahlkunde" Erster Band, Springer-Verlag Berlin, Göttingen, Heidelberg, Dritte verbesserte Auflage, 1956

/113/ Mombrei, W.: "Der Einfluß des Gefügezustandes von unlegiertem Stahl auf Verschleiß und Reibwert" Wiss. Z. d. Hochschule f. Verkehrswesen "Friedrich List" Dresden, 15 (1968) Nr. 3, S. 695 - 701

/114/ Mösken, K.: "Der Einfluß der Härte und der chemischen Zusammensetzung auf den Verschleiß von Radmaterial bei Laborversuchen" Wiss. Z. d. Hochschule f. Verkehrswesen "Friedrich List" Dresden, 15 (1968) Nr. 3, S. 701 - 708

/115/ Arend, H.; Neuhaus, W.: "Die Härtbarkeit des Stahles" Verlag W. Giradet, Essen, 1955

/116/ Schottky, H.: "Praktische Metallprüfung" G. Westermann Verlag, Braunschweig, 1953

/117/ Straßburger, Ch.: "Entwicklungen zur Festigkeitssteigerung der Stähle" Verlag Stahleisen m.b.H., Düsseldorf, 1976

## 9. Bezeichnungen

| | | |
|---|---|---|
| A | arithmetischer Mittelwert | |
| A | scheinbare Berührungsfläche | $mm^2$ |
| $A_o$ | tatsächliche Berührungsfläche | $mm^2$ |
| {A} | Elemente eines Systems | |
| $A_R$ | Reibungsarbeit | Nm |
| a | halbe Berührungsbreite | mm |
| $a_K$ | Kerbschlagzähigkeit | J |
| B | Lagerbreite | mm |
| B | Verschleißmaß | µm/km |
| b | Prüfkörperbreite | mm |
| C | Konstante | |
| D | Wellendurchmesser | mm |
| d | Prüfkörperdurchmesser | mm |
| $d_o$ | Ausgangsdurchmesser | mm |
| $d_B$ | Durchmesser nach einer Beanspruchung | mm |
| E | Elastizitätsmodul | $N/mm^2$ |
| F | Kraft | $N/mm^2$ |
| $F_N$ | Normalkraft | |
| $F_R$ | Reibungskraft | $N/mm^2$ |
| $F_T$ | Tangentialkraft | $N/mm^2$ |
| $f_s$ | Frequenz der Schlupfmodulation | $min^{-1}$ |

| | | |
|---|---|---|
| $G$ | Schubmodul | $N/mm^2$ |
| $G$ | Masse eines Körpers | g |
| $\Delta G$ | Verschleißbetrag | mg |
| $\Sigma\Delta G$ | Gesamtverschleißbetrag | mg |
| $G_W$ | Gegenwerkstoff | |
| HB | Brinellhärte | $N/mm^2$ |
| HV | Vickershärte | $N/mm^2$ |
| $k_{eD}$ | Zahnflankendauer-festigkeit | $N/mm^2$ |
| $k_f$ | Verfestigungsgrad | - |
| $\Sigma k_f$ | Gesamtverfestigungsgrad | - |
| $l$ | Weg, Strecke | mm, m km |
| $l_w$ | Laufweg | km |
| $l_g$ | Gleitweg | m |
| $l_R$ | Weg pro Umdrehung | mm/U |
| $M_R$ | Reibungsmoment | Nm |
| $n$ | Drehzahl | $min^{-1}$ |
| $\{P\}$ | Eigenschaften der Elemente eines Systems | |
| $p_D$ | Wasserdampfpartialdruck | Pa |
| $p_S$ | Sättigungsdruck des Wasserdampfes | Pa |
| $p$ | Flächenpressung | $N/mm^2$ |
| $p_o$ | maximale Flächenpressung nach Hertz, spezifische Lagerbelastung | $N/mm^2$ |
| $p_m$ | mittlerer Fließdruck eines Werkstoffes | $N/mm^2$ |

| | | |
|---|---|---|
| $r$ | Radius | mm |
| $R$ | Radius | mm |
| $\Delta R$ | Verschleißbetrag (Verringerung des Radius) | µm |
| $\Sigma\Delta R$ | Gesamtverschleißbetrag | µm |
| $R_t$ | Rauhtiefe | µm |
| $R_z$ | gemittelte Rauhtiefe | µm |
| $\{S\}$ | Struktur eines Systems | |
| $s$ | Schlupf | % |
| $s_m$ | mittlerer Schlupf | % |
| $\Delta s$ | Schlupfamplitude | % |
| $\sigma$ | Standardabweichung | |
| St | Standardabweichung | % |
| $T$ | Zeitdauer | min, h |
| $T_A$ | Einlaufzeit | min, h |
| $T_{AB}$ | Zeit bis zum 1. Abrieb | min, h |
| $T_B$ | Verschleißbeanspruchungsdauer | min, h |
| $T_{Bges}$ | Gesamtbeanspruchungsdauer | min, h |
| $t$ | Zeitpunkt | |
| $t_o$ | Versuchsbeginn | |
| $t_{AB}$ | Zeitpunkt des ersten Abriebs | |
| $t_B$ | Ende eines Versuches | |
| $V$ | Verschleißvolumen | $mm^3$ |
| $v$ | Geschwindigkeit | m/s<br>mm/min |
| $v_g$ | Gleitgeschwindigkeit | m/s |
| $W$ | Widerstand | N |
| $\{X\}$ | Eingangsgrößen eines Systems | |
| $\{Y\}$ | Ausgangsgrößen eines Systems | |
| $x,y,z$ | Koordinaten | |

| | | |
|---|---|---|
| $\delta$ | Bruchdehnung | % |
| $\varepsilon$ | relativer Verschleißwiderstand | |
| $\theta$ | Temperatur | |
| $\lambda$ | Längenmaßstab | |
| $\mu$ | Reibungszahl | |
| $\nu$ | Querkontraktionszahl | |
| $\xi$ | mittlere Reiboxidationsschichtdicke | Å |
| $\rho$ | Dichte eines Körpers | $kg/m^3$ |
| $\rho$ | Krümmung | $mm^{-1}$ |
| $\sigma$ | Spannung | $N/mm^2$ |
| $\sigma_B$ | Zugfestigkeit | $N/mm^2$ |
| $\sigma_D$ | Dauerfestigkeit | $N/mm^2$ |
| $\sigma_S$ | Streckgrenze | $N/mm^2$ |
| $\sigma_{0,2}$ | Ersatzstreckgrenze | $N/mm^2$ |
| $\tau$ | Schubspannung | $N/mm^2$ |
| $\tau_H$ | Hauptschubspannung | $N/mm^2$ |
| $\phi_{rel}$ | relative Luftfeuchtigkeit | % |
| $\Phi$ | Texturparameter | |
| $\psi$ | Brucheinschnürung | % |

## Indices

| | |
|---|---|
| t | treibend |
| b | bremsend |
| g | gleitend |
| ges | gesamt |
| i | beliebig |
| m | Anzahl |
| n | Anzahl |
| x,y,z | in Koordinatenrichtung |
| o | Ausgangszustand, Versuchsbeginn |
| B | Beanspruchungs- |
| N | normal |
| R | Reibungs- |
| T | Tangential |

## 10. Tabellen

**Tabelle 1:** Anteil von metallischem Eisen im Verschleißstaub bei verschiedenen Luftfeuchtigkeiten /3,19/

| $p_D$ [Pa] | 80 | 2100 | 4000 |
|---|---|---|---|
| 16MnCr5<br>Fe-Anteil [%] | 9,5 | 29 | 32 |
| Radreifenstahl<br>Fe-Anteil [%] | 5,8 | 16 | 15,1 |
| St 60<br>Fe-Anteil [%] | 19,7 | 24 | 29,6 |

<u>Tabelle 2:</u> Einstellbare Versuchsparameter

| Parameter | Symbol | Einheit | Bauart der Wälzreibungsprüfmaschine | |
|---|---|---|---|---|
| | | | Amsler | Bugarcic |
| 1. Normalkraft | $F_N$ | N | 100 ÷ 700 | 100 ÷ 700 |
| 2. Prüfkörperdurchmesser | d | mm | 48 ÷ 52 | 48 ÷ 52 |
| 3. Prüfkörperbreite | b | mm | 5 ÷ 15 | 5 ÷ 15 |
| 4. Prüfkörperdrehzahl | $n_b$ | $min^{-1}$ | 200; 400 | 200; 300 |
| 5. Schlupf | s | % | 0 ÷ 100 in Stufen | 0 ÷ 1,0 stufenlos |
| 6. Schlupfmodulation | | | | |
| - Amplitude | $\Delta s$ | % | - | 0,05 ÷ 0,2 |
| - Frequenz | $f_{\Delta s}$ | $min^{-1}$ | - | 0,25 ÷ 1,0 |
| 7. Umgebungsbedingungen | | | | |
| - Wasserdampfpartialdruck (≙ rel. Luftfeuchtigkeit) | $p_D$ | Pa | 80 ÷ 4000 | 80 ÷ 4000 |
| - Sonstige | | | beliebige technische Gase | |

Tabelle 3: Chemische Zusammensetzung der Werkstoffe für die Vorversuchsreihen

| Versuchs-bezeichnung | Legierungselemente in Gew.-% | | | | | | | | | | |
|---|---|---|---|---|---|---|---|---|---|---|---|
| | C | Si | Mn | P | S | Cr | Mo | V | Ni | Cu | Al |
| Ck 45 | .44 | .27 | .61 | .03 | .016 | - | - | .02 | - | - | .025 |
| C 1 | .43 | .10 | .06 | .009 | .015 | .04 | .03 | .02 | .05 | .05 | .006 |
| M 80 | .68 | .38 | .67 | .03 | .03 | - | - | - | - | .15 | - |
| BV 1 | .42 | .32 | .52 | .014 | .024 | - | - | - | - | - | - |
| VBV | .50 | .33 | .62 | .017 | .03 | .03 | - | - | .07 | - | .031 |
| SN | .54 | .11 | 1.07 | .047 | .02 | - | - | - | - | - | - |
| VA | .63 | .29 | 1.00 | .015 | .028 | .11 | - | .04 | .08 | .26 | .012 |
| B 2 | .74 | .80 | 1.12 | .009 | .022 | .97 | - | - | - | - | - |

Tabelle 4: Mechanische Eigenschaften und Sekundärgefüge der Werkstoffe für die Vorversuchsreihen

| Versuchsbezeichnung | Zugfestigkeit $\sigma_B$ $N/mm^2$ | Streckgrenze $\sigma_S$ ($\sigma_{0,2}$) $N/mm^2$ | Bruchdehnung $\delta 5$ % | Brucheinschnürung $\psi$ % | Gefüge |
|---|---|---|---|---|---|
| Ck 45 | 587 | 302 | 24 | 45 | Ferrit-Perlit |
| C 1 | 423 | 235 | 36 | 62,5 | Ferrit-Perlit |
| M 80 | 876 | 445 | 10 | 12,5 | Perlit |
| BV 1 | 600 | 280 | 24 | 38 | Ferrit-Perlit |
| VBV | 995 | 670 | 18 | 54 | Ferrit-Perlit |
| SN | 800 | 460 | 16 | 33 | Ferrit-Perlit |
| VA | 935 | 522 | 15 | 25 | Perlit |
| B 2 | 1193 | 691 | 9,1 | 12 | Perlit |

Tabelle 5: Arithmetischer Gesamtmittelwert $St_{ges}$ der prozentualen Standardabweichung St

| Rauheitsmaß | $P_t$ | W | $R_t$ | $R_z$ | $R_a$ | $R_s$ | $R_p$ | $R_p/R_t$ |
|---|---|---|---|---|---|---|---|---|
| $St_{ges}$ [%] | 24,8 | 18,6 | 13,4 | 11,1 | 15,5 | 12,3 | 15,0 | 11,2 |

Tabelle 6: Abweichung der Mittelwerte bei unterschiedlicher Auswertung von 10 Einzelmessungen

| Auswertung der Einzelmessungen $R_z$ | arithmetischer Mittelwert $R_z$ | Standardabweichung $s$ | prozentuale Standardabweichung St |
|---|---|---|---|
| | [µm] | [µm] | [%] |
| 1 ÷ 10 | 6,86 | 0,591 | 8,62 |
| 1 ÷ 5 | 6,70 | 0,418 | 6,24 |
| 6 ÷ 10 | 7,02 | 0,740 | 10,54 |

Tabelle 7: Vergleich der Ergebnisse aus fünf identischen Versuchen

| Verschleißmaß | Versuch Nr. | | | | | Mittelwert $\overline{\Delta G}$ | Standardabweichung | |
|---|---|---|---|---|---|---|---|---|
| | 1 | 2 | 3 | 4 | 5 | mg | $s$ mg | St % |
| $\Sigma\Delta G$ [mg] | 219,1 | 232,8 | 227,4 | 208,6 | 222,3 | 222,0 | 9,14 | 4,1 |
| $\Delta G_t$ [mg] | 139,0 | 156,5 | 158,2 | 140,3 | 151,5 | 149,1 | 8,95 | 6,0 |
| $\Delta G_b$ [mg] | 76,1 | 72,8 | 69,2 | 68,3 | 70,8 | 71,4 | 3,12 | 4,4 |

Tabelle 8: Verschleißbeträge bei Austausch der Werkstoffe von treibendem und bremsendem Prüfkörper

| | Verschleißbeträge der Prüfkörper mg | | | |
|---|---|---|---|---|
| | BV 1 | VA | M 80 | VA |
| VA als Werkstoff des bremsenden PK | $\Delta G_t$: 192 | $\Delta G_b$: 65 | $\Delta G_t$: 238 | $\Delta G_b$: 586 |
| VA als Werkstoff des treibenden PK | $\Delta G_b$: 395 | $\Delta G_t$: 145 | $\Delta G_b$: 690 | $\Delta G_t$: 392 |

Tabelle 9: Chronologischer Ablauf der Verschleißversuche

| | | | | |
|---|---|---|---|---|
| 1. Messungen vor Versuchsbeginn - Zeitpunkt $t_o$ - | | | | |
| Gewicht der Prüfkörper | $G_o$ | | | |
| Rauheit der Laufflächen | $Rz_o$ | | | |
| Härte der Laufflächen | $HV_o$ | | | |
| 2. Einlauf | | | | |
| Normalkraft | $F_N$ | = | 550 | N |
| Drehzahl | $n_b$ | = | 200 | $min^{-1}$ |
| Schlupf | s | = | 0,5 | % |
| Wasserdampfpartialdruck | $p_D$ | = | 80 | Pa |
| Einlaufzeit | $T_A$ | = | 0,75 | h |
| 3. Einstellung der Parameter für den Hauptversuch - Zeitpunkt $t_{AB}$ - | | | | |
| Entlasten der Prüfkörper bei geschlossener Klimakammer; anschließend Parametereinstellung: | | | | |
| Normalkraft | $F_N$ | = | 700 | N |
| Drehzahl | $n_b$ | = | 200 | $min^{-1}$ |
| Schlupf | $s_m$ | = | 0,5 | % |
| Schlupfmodulation - Amplitude | $\Delta s$ | = | $\pm$ 0,2 | % |
| - Frequenz | $f_{\Delta s}$ | = | 0,25 | $min^{-1}$ |
| Wasserdampfpartialdruck | $p_D$ | = | 4000 | Pa |
| 4. Hauptversuch - Durchführung - | | | | |
| Verschleißbeanspruchungsdauer, gerechnet vom Zeitpunkt des ersten Abriebes an, entsprechend einem Laufweg von | $l_w$ | = | 40 | km |
| 5. Messungen nach Abschluß des Versuches - Zeitpunkt $t_B$ - | | | | |
| Gewicht der Prüfkörper | $G_B$ | | | |
| Rauheit der Laufflächen | $Rz_B$ | | | |
| Härte der Laufflächen | $HV_B$ | | | |
| 6. Nachfolgende Untersuchungen | | | | |
| Röntgenographische Untersuchung der Verschleißpartikel; Anfertigung metallographischer Schliffe; rasterelektronenmikroskopische Untersuchungen | | | | |

Tabelle 10: Charakteristische Legierungselemente der Stähle für treibende Prüfkörper

| Gruppe | Versuchs-bezeichnung | Charakteristische Legierungselemente - Richtwerte in Gew. % - | | | | | | |
|---|---|---|---|---|---|---|---|---|
| | | C | Si | Mn | Cr | Mo | V | Ni |
| V | VL | .55 | .35 | .70 | - | - | - | - |
| | VT | .65 | .40 | .70 | .20 | - | - | - |
| M | MA | .45 | 1.00 | 1.00 | - | - | .05 | - |
| | MB | .35 | 1.00 | 1.00 | - | - | .10 | - |
| | MD | .25 | 1.00 | 1.00 | - | - | .15 | - |
| | ME | .25 | 1.00 | 1.00 | .75 | .40 | - | - |
| N | NA | .45 | .30 | .75 | - | .20 | - | .70 |
| | NB | .45 | .30 | .75 | - | - | - | .80 |
| | ND | .45 | .20 | .75 | - | - | - | 1.50 |
| | NE | .45 | .25 | .75 | - | - | - | 3.00 |
| | NF | .30 | .30 | .75 | - | .30 | - | 3.00 |
| C | CA | .20 | .35 | 1.35 | .20 | .30 | - | - |
| | CB | .25 | .45 | 1.35 | .25 | .30 | - | - |
| | CC | .15 | .40 | 1.40 | .30 | .35 | - | .90 |
| | CD | .15 | .20 | .25 | 1.20 | .45 | - | 3.30 |
| | CE | .10 | .25 | .80 | .60 | .30 | - | 4.75 |

Tabelle 11: Chemische Zusammensetzung der Stähle für treibende Prüfkörper

| Werkstoff | | Legierungselemente in Gew.-% | | | | | | | | | | |
|---|---|---|---|---|---|---|---|---|---|---|---|---|
| Gruppe | Versuchs-bezeichnung | C | Si | Mn | P | S | Cr | Mo | V | Ni | Cu | Al |
| V | VL | .55 | .35 | .71 | .011 | .022 | .09 | .01 | .02 | .02 | .25 | .013 |
| | VT | .62 | .39 | .70 | .0031 | .0027 | .22 | .04 | .02 | .12 | .11 | .01 |
| M | MA | .42 | 1.04 | 1.04 | .012 | .020 | .04 | .01 | .07 | .03 | .21 | .021 |
| | MB | .35 | 1.05 | 1.08 | .013 | .020 | .04 | .01 | .11 | .03 | .24 | .023 |
| | MD | .25 | 1.05 | 1.01 | .011 | .018 | .04 | .01 | .14 | .03 | .24 | .013 |
| | ME | .26 | 1.08 | 1.04 | .014 | .019 | .74 | .40 | .02 | .04 | .25 | .019 |
| N | NA | .43 | .31 | .70 | .011 | .021 | .05 | .21 | .02 | .70 | .24 | .010 |
| | NB | .48 | .28 | .67 | .009 | .020 | .14 | .01 | .02 | .76 | .25 | .016 |
| | ND | .43 | .18 | .80 | .011 | .022 | .05 | .01 | .02 | 1.54 | .25 | .012 |
| | NE | .46 | .25 | .80 | .011 | .022 | .09 | .01 | .02 | 2.97 | .25 | .011 |
| | NF | .30 | .30 | .80 | .013 | .022 | .04 | .28 | .02 | 2.98 | .22 | .013 |
| C | CA | .19 | .37 | 1.38 | .010 | .018 | .19 | .32 | .02 | .09 | .16 | .063 |
| | CB | .26 | .46 | 1.32 | .013 | .006 | .27 | .30 | .02 | .10 | .13 | .054 |
| | CC | .14 | .40 | 1.38 | .012 | .010 | .30 | .35 | .02 | .86 | .16 | .032 |
| | CD | .15 | .18 | .26 | .009 | .015 | 1.22 | .42 | .02 | 3.32 | .17 | .009 |
| | CE | .09 | .27 | .78 | .008 | .006 | .60 | .31 | .08 | 4.74 | .26 | .015 |

Tabelle 12: Wärmebehandlung der Stähle für treibende Prüfkörper

| Werkstoff | | Härten | | | Anlassen | | |
|---|---|---|---|---|---|---|---|
| Gruppe | Versuchsbezeichnung | Glühtemperatur °C | Glühdauer h | Abschreckmittel | Temperatur °C | Haltedauer h | Abkühlung |
| V | VL | 810 | 1,0 | Öl | 630 | 2,0 | Luft |
| | VL 3 | 860 | 1,0 | $H_2O$ | 350 | 2,0 | L |
| | VT | normalgeglüht gemäß UIC 853 1-V | | | | | |
| M | MA | 870 | 1,0 | Öl | 630 | 3,0 | Luft |
| | MA 2 | 870 | 1,0 | Öl | 450 | 2,5 | L |
| | MB | 940 | 1,0 | Öl | 450 | 2,0 | L |
| | MD | 940 | 1,0 | Öl | 600 | 2,0 | L |
| | ME | 940 | 1,0 | Öl | 650 | 2,0 | L |
| | ME 2 | 940 | 1,0 | Öl | 550 | 2,0 | L |
| N | NA | 825 | 1,0 | Öl | 550 | 2,0 | Luft |
| | NB | 810 | 1,0 | Öl | 600 | 2,0 | L |
| | NB 3 | 860 | 1,0 | $H_2O$ | 470 | 2,0 | L |
| | ND | 820 | 1,0 | Öl | 500 | 2,0 | L |
| | ND 3 | 870 | 1,0 | $H_2O$ | 430 | 2,0 | L |
| | NE | 800 | 1,0 | Öl | 640 | 2,5 | L |
| | NE 2 | 800 | 1,0 | Öl | 550 | 2,0 | L |
| | NF | 820 | 1,0 | Öl | 640 | 2,0 | L |
| | NF 2 | 820 | 1,0 | Öl | 500 | 2,0 | L |
| C | CA | 940 | 1,0 | Öl | 550 | 2,0 | Luft |
| | CA 1 | 940 | 1,0 | $H_2O$ | 600 | 1,25 | L |
| | CA 3 | 940 | 1,0 | $H_2O$ | 450 | 2,0 | L |
| | CB 1 | 950 | 1,3 | $H_2O$ | 590 | 2,7 | L |
| | CB 3 | 950 | 1,3 | $H_2O$ | 500 | 2,7 | L |
| | CC | 930 | 1,0 | Öl | 530 | 2,0 | L |
| | CD 1 | 900 | 1,0 | $H_2O$ | 660 | 1,5 | L |
| | CD 3 | 900 | 1,0 | $H_2O$ | 500 | 1,5 | L |
| | CE | 830 | 1,0 | Öl | 635 | 3,0 | L |
| | CE 1 | 830 | 1,0 | Öl | 490 | 2,0 | L |
| | CE 2 | 850 | 1,0 | $H_2O$ | 640 | 3,0 | L |
| | CE 3 | 850 | 1,0 | $H_2O$ | 450 | 2,0 | L |

Tabelle 13: Festigkeitswerte und Gefügeausbildung der Stähle für treibende Prüfkörper

| Werkstoffe | | Zugfestigkeit | Streckgrenze | Gefügeanteile | | | |
|---|---|---|---|---|---|---|---|
| Gruppe | Versuchsbezeichnung | $\sigma_B$ N/mm² | $\sigma_S$ ($\sigma_{0,2}$) N/mm² | F % | P % | Zw % | M % |
| V | VL | 823 | 480 | 10 | 90 | - | - |
| | VL 3 | 1117 | 993 | 5 | 90 | 5 | - |
| | VT | 876 | 445 | 5 | 95 | - | - |
| M | MA | 880 | 669 | 10 | 10 | 50 | 30 |
| | MA 2 | 1050 | 751 | 10 | 10 | 50 | 30 |
| | MB | 928 | 719 | 55 | 30 | 15 | - |
| | MD | 826 | 644 | 15 | | 70 | 15 |
| | ME | 977 | 853 | 5 | - | 70 | 25 |
| | ME 2 | 1109 | 932 | 5 | - | 70 | 25 |
| N | NA | 845 | 617 | - | 10 | 80 | 10 |
| | NB | 828 | 508 | 10 | 85 | 5 | - |
| | NB 3 | 1148 | 1065 | - | | 20 | |
| | ND | 883 | 597 | 15 | 85 | - | - |
| | ND 3 | 1168 | 1099 | - | 10 | 15 | 75 |
| | NE | 949 | 831 | - | - | 35 | 65 |
| | NE 2 | 1045 | 919 | - | - | 35 | 65 |
| | NF | 898 | 785 | - | - | 10 | 90 |
| | NF 2 | 1149 | 1081 | - | - | 10 | 90 |
| C | CA | 816 | 653 | - | - | 80 | 20 |
| | CA 1 | 857 | 741 | - | - | 15 | 85 |
| | CA 3 | 1157 | 1050 | - | - | 15 | 85 |
| | CB 1 | 895 | 799 | - | - | 10 | 90 |
| | CB 3 | 1073 | 1014 | - | - | 10 | 90 |
| | CC | 783 | 736 | - | - | 90 | 10 |
| | CD 1 | 806 | 727 | - | - | 20 | 80 |
| | CD 3 | 1128 | 1041 | - | - | 20 | 80 |
| | CE | 951 | 876 | - | - | 30 | 70 |
| | CE 1 | 956 | 916 | - | - | 5 | 95 |
| | CE 2 | 1034 | 920 | - | - | 30 | 70 |
| | CE 3 | 1128 | 1051 | - | - | 5 | 95 |

F = Ferrit; P = Perlit; Zw = Zwischenstufe (Bainit); M = Martensit

Tabelle 14: Indizes zur Unterscheidung der Stähle nach Festigkeitsstufen und Härteverfahren

| | Ölhärtung | Wasserhärtung |
|---|---|---|
| Festigkeitsstufe I<br>$\sigma_B \approx 850 \div 950$ N/mm$^2$ | - | 1 |
| Festigkeitsstufe II<br>$\sigma_B \approx 1100$ N/mm$^2$ | 2 | 3 |

Tabelle 15: Wärmebehandlung der Stähle für Sonderversuchsreihen zum Einfluß der Festigkeit auf das Verschleißverhalten

| Werkstoff | | Härten | | | Anlassen | | |
|---|---|---|---|---|---|---|---|
| Gruppe | Versuchsbezeichnung | Glühtemperatur °C | Glühdauer h | Abschreckmittel | Temperatur °C | Haltedauer h | Abkühlung |
| C | CB 1 | 950 | 1,3 | $H_2O$ | 590 | 2,7 | Luft |
| | CB 3 | 950 | 1,3 | $H_2O$ | 500 | 2,7 | L |
| | CB 4 | 950 | 1,3 | $H_2O$ | 420 | 2,7 | L |
| N | NE a | 800 | 1,5 | $H_2O$ | 650 | 2,0 | Luft |
| | NE b | 800 | 1,5 | $H_2O$ | 550 | 2,0 | L |
| | NE c | 800 | 1,5 | $H_2O$ | 500 | 2,0 | L |
| | NE d | 800 | 1,5 | $H_2O$ | 450 | 2,0 | L |
| | NE e | 800 | 1,5 | $H_2O$ | 350 | 2,0 | L |

Tabelle 16: Festigkeitswerte und Gefügeanteile der Stähle für Sonderversuchsreihen zum Einfluß der Festigkeit auf das Verschleißverhalten

| Werkstoffe | | Zug-festigkeit | Streck-grenze | Gefügeanteile | | | |
|---|---|---|---|---|---|---|---|
| Gruppe | Versuchs-bezeichnung | $\sigma_B$ N/mm² | $\sigma_S$ ($\sigma_{0,2}$) N/mm² | F % | P % | Zw % | M % |
| C | CB 1 | 895 | 799 | - | - | 10 | 90 |
| | CB 3 | 1073 | 1014 | - | - | 10 | 90 |
| | CB 4 | 1241 | 1155 | - | - | 10 | 90 |
| N | NE a | 815 | 565 | - | - | 10 | 90 |
| | NE b | 914 | 787 | - | - | 10 | 90 |
| | NE c | 1001 | 869 | - | - | 10 | 90 |
| | NE d | 1094 | 990 | - | - | 10 | 90 |
| | NE e | 1323 | 1187 | - | - | 10 | 90 |

Tabelle 17: Mechanische Eigenschaften der Stähle für treibende Prüfkörper

| Werkstoff Gruppe | Versuchs-bezeichnung | Zug-festigkeit $\sigma_B$ N/mm$^2$ | Streck-grenze $\sigma_S$ ($\sigma_{0,2}$) N/mm$^2$ | Bruch-dehnung $\delta_5$ % | Bruch-einschnürung $\psi$ % | Dauer-festigkeit $\sigma_D$ N/mm$^2$ | Kerbschlag-zähigkeit $a_K$ J |
|---|---|---|---|---|---|---|---|
| V | VL | 823 | 480 | 16,3 | 49,0 | ± 412 | 23,2 |
| | VL 3 | 1117 | 993 | 5,5 | 32,4 | ± 539 | 12,0 |
| | VT | 885 | 456 | 10,5 | 13,6 | ± 301 | |
| M | MA | 880 | 669 | 21,7 | 51,0 | ± 422 | 27,2 |
| | MA 2 | 1050 | 751 | 13,7 | 44,6 | ± 481 | 17,6 |
| | MB | 928 | 719 | 17,9 | 55,2 | ± 461 | 29,1 |
| | MD | 826 | 644 | 22,4 | 58,1 | ± 441 | 26,1 |
| | ME | 977 | 853 | 15,9 | 59,3 | ± 481 | 47,8 |
| | ME 2 | 1109 | 932 | 14,2 | 53,5 | ± 500 | 24,2 |
| N | NA | 845 | 617 | 16,4 | 56,0 | ± 390 | 29,4 |
| | NB | 828 | 508 | 18,5 | 51,8 | ± 382 | 33,1 |
| | NB 3 | 1148 | 1065 | 7,9 | 42,0 | ± 520 | 24,5 |
| | ND | 883 | 597 | 18,7 | 55,2 | ± 392 | 30,7 |
| | ND 3 | 1168 | 1099 | 8,5 | 43,8 | ± 520 | |
| | NE | 949 | 831 | 17,7 | 51,0 | ± 441 | 36,0 |
| | NE 2 | 1045 | 919 | 15,7 | 45,5 | ± 510 | 23,5 |
| | NE a | 815 | 565 | 24,5 | 57,7 | | 40,7 |
| | NE b | 914 | 787 | 19,0 | 52,7 | | 37,3 |

<u>Tabelle 17:</u> Fortsetzung

| Werkstoff Gruppe | Werkstoff Versuchsbezeichnung | Zugfestigkeit $\sigma_B$ N/mm² | Streckgrenze $\sigma_S$ ($\sigma_{0,2}$) N/mm² | Bruchdehnung $\delta_5$ % | Brucheinschnürung $\phi$ % | Dauerfestigkeit $\sigma_D$ N/mm² | Kerbschlagzähigkeit $a_K$ J |
|---|---|---|---|---|---|---|---|
| N | NE c | 1001 | 869 | 16,3 | 46,8 | | 31,9 |
| | NE d | 1094 | 990 | 15,3 | 48,0 | | 27,0 |
| | NE e | 1323 | 1187 | 7,0 | 24,2 | ± 530 | 13,1 |
| | NF | 898 | 785 | 17,6 | 60,9 | ± 471 | 34,0 |
| | NF 2 | 1149 | 1081 | 13,6 | 51,8 | ± 520 | 28,7 |
| C | CA | 816 | 653 | 15,7 | 64,7 | ± 373 | 41,2 |
| | CA 1 | 857 | 741 | 16,9 | 63,2 | ± 422 | 55,6 |
| | CA 3 | 1157 | 1050 | 12,3 | 52,7 | ± 548 | 35,2 |
| | CB 1 | 895 | 799 | 18,5 | 64,0 | ± 412 | 60,1 |
| | CB 3 | 1073 | 1014 | 16,6 | 62,3 | ± 500 | 47,1 |
| | CB 4 | 1241 | 1155 | 12,5 | 54,4 | ± 549 | 35,6 |
| | CC | 783 | 736 | 18,2 | 67,6 | ± 382 | 54,9 |
| | CD 1 | 806 | 727 | 22,2 | 72,2 | ± 432 | 74,5 |
| | CD 3 | 1128 | 1041 | 13,7 | 58,5 | ± 559 | 41,9 |
| | CE | 951 | 876 | 18,7 | 67,6 | ± 471 | 67,7 |
| | CE 2 | 1034 | 920 | 17,2 | 61,7 | ± 481 | 61,8 |
| | CE 1 | 956 | 916 | 18,4 | 69,0 | ± 510 | 67,7 |
| | CE 3 | 1128 | 1051 | 14,5 | 61,0 | ± 530 | 47,8 |

Tabelle 18: Charakteristische Legierungselemente, Festigkeitswerte und Gefügeanteile der Stähle für treibende Prüfkörper

| Werkstoffe | | Charakteristische Legierungselemente in Gewichtsprozent | | | | Zugfestigkeit | Streckgrenze | Gefügeanteile | | | |
|---|---|---|---|---|---|---|---|---|---|---|---|
| Gruppe | Versuchsbezeichnung | C % | Si % | Mn % | Cr % | $\sigma_B$ N/mm² | $\sigma_S$ ($\sigma_{0,2}$) N/mm² | F % | P % | Zw % | M % |
| V | VA | .63 | .29 | 1.00 | .11 | 935 | 522 | 5 | 95 | - | - |
| L | LA | .70 | .60 | .51 | 1.50 | 1126 | 795 | - | 100 | - | - |
| | LB | .73 | .71 | 1.18 | .93 | 1148 | 665 | - | 100 | - | - |
| | LD | .28 | 1.26 | .69 | 2.65 | 1393 | 1256 | - | - | 95 | 5 |
| | LE | .08 | .42 | 4.60 | .14 | 1069 | 1020 | - | - | 95 | 5 |

F = Ferrit; P = Perlit; Zw = Zwischenstufe (Bainit); M = Martensit

Tabelle 19: Chemische Zusammensetzung der Stähle für bremsende Prüfkörper

| Werkstoff | | Legierungselemente in Gew.-% | | | | | | | | | | |
|---|---|---|---|---|---|---|---|---|---|---|---|---|
| Gruppe | Versuchs-bezeichnung | C | Si | Mn | P | S | Cr | Mo | V | Ni | Cu | Al |
| V | VA | .63 | .29 | 1.00 | .015 | .028 | .11 | - | .04 | .08 | .026 | .012 |
| L | LA | .70 | .60 | .51 | .009 | .010 | 1.50 | .01 | .19 | - | - | - |
| | LB | .73 | .71 | 1.18 | .023 | .019 | .93 | - | - | - | - | - |
| | LD | .28 | 1.26 | .69 | .012 | .012 | 2.65 | .25 | - | - | - | - |
| | LE | .08 | .42 | 4.60 | .007 | .011 | .14 | .01 | - | - | - | - |

Tabelle 20: Mechanische Eigenschaften der Stähle für bremsende Prüfkörper

| Werkstoff Gruppe | Werkstoff Versuchs-bezeichnung | Zug-festigkeit $\sigma_B$ $N/mm^2$ | Streck-grenze $\sigma_S$ ($\sigma_{0,2}$) $N/mm^2$ | Bruch-dehnung $\delta_5$ % | Bruch-einschnürung $\psi$ % | Kerbschlag-zähigkeit $a_K$ (-30° C) $J/cm^2$ |
|---|---|---|---|---|---|---|
| V | VA | 935 | 522 | 15,0 | 25,0 | 28,0 |
| L | LA | 1126 | 795 | 12,1 | 27,0 | 76,5 |
| | LB | 1148 | 665 | 10,3 | 21,0 | 29,4 |
| | LD | 1393 | 1256 | 15,3 | 51,0 | 240,3 |
| | LE | 1069 | 1020 | 16,4 | 57,0 | 220,7 |

<u>Tabelle 21:</u> Ergebnisse der ersten Versuchsgruppe, geordnet nach steigendem Gesamt-Verschleiß $\Sigma\Delta R$; Vergleichsstahl VA immer als Werkstoff der bremsenden Prüfkörper

| Verschleiß-gruppe | Werkstoffpaarung | | Verschleißbeträge | | | Ausgangshärte | | Härtesteigerung | |
|---|---|---|---|---|---|---|---|---|---|
| | Nr. | Versuchs-bezeichnung treibend/bremsend | $\Sigma\Delta R$ µm | $\Delta R_t$ µm | $\Delta R_b$ µm | $HV_{t,o}$ N/mm² | $HV_{b,o}$ N/mm² | $\Delta HV_t$ N/mm² | $\Delta HV_b$ N/mm² |
| 1 | 1 | NEa / VA | 4,25 | 2,89 | 1,36 | 2590 | 2940 | 890 | 1170 |
| | 2 | CB1 / VA | 4,43 | 3,34 | 1,09 | 2770 | 2770 | 580 | 1505 |
| | 3 | CA / VA | 5,53 | 4,53 | 1,00 | 2813 | 2927 | 1053 | 1697 |
| | 4 | CC / VA | 5,83 | 4,60 | 1,25 | 2943 | 2880 | 790 | 1780 |
| | 5 | CD1 / VA | 7,91 | 6,63 | 1,28 | 2805 | 2875 | 840 | 1775 |
| | 6 | NE / VA | 8,08 | 6,10 | 1,98 | 2885 | 2890 | 895 | 1805 |
| | 7 | CA1 / VA | 8,36 | 6,43 | 1,93 | 2820 | 2967 | 883 | 1760 |
| 2 | 8 | CE1 / VA | 12,71 | 9,68 | 3,03 | 3388 | 3006 | 1038 | 2512 |
| | 9 | ME / VA | 15,60 | 12,20 | 3,40 | 3045 | 2995 | 1225 | 2455 |
| | 10 | NEb / VA | 15,76 | 11,24 | 4,52 | 3115 | 2910 | 1015 | 2480 |
| | 11 | MD / VA | 19,00 | 14,55 | 4,45 | 2859 | 3010 | 1440 | 2165 |
| | 12 | CD3 / VA | 24,90 | 18,80 | 6,10 | 3820 | 3010 | 1060 | 3320 |
| 3 | 13 | NF / VA | 26,40 | 19,10 | 7,30 | 3395 | 2945 | 1255 | 3100 |
| | 14 | CE3 / VA | 30,40 | 19,90 | 10,50 | 3785 | 2985 | 1045 | 3232 |
| | 15 | CE / VA | 34,40 | 25,30 | 9,10 | 3460 | 2890 | 1080 | 2900 |
| | 16 | CB3 / VA | 38,17 | 17,22 | 20,95 | 3410 | 2695 | 1235 | 3300 |
| | 17 | NA / VA | 41,55 | 27,75 | 13,80 | 2925 | 3120 | 1755 | 3190 |
| | 18 | NB3 / VA | 43,55 | 19,65 | 23,90 | 3300 | 2735 | 1715 | 3595 |
| | 19 | NEc / VA | 44,29 | 20,38 | 23,71 | 3230 | 2950 | 2230 | 3770 |
| 4 | 20 | CE2 / VA | 52,80 | 33,30 | 19,50 | 3350 | 2980 | 1510 | 2970 |
| | 21 | CA3 / VA | 59,47 | 30,27 | 29,20 | 4056 | 2962 | 1422 | 3420 |
| | 22 | VL / VA | 61,83 | 30,73 | 31,10 | 2947 | 3013 | 2043 | 3247 |
| | 23 | MA / VA | 62,58 | 31,25 | 31,10 | 2910 | 2898 | 2170 | 3053 |
| | 24 | NB / VA | 66,02 | 29,68 | 36,34 | 2960 | 2868 | 2294 | 3060 |
| | 25 | NE2 / VA | 75,40 | 31,60 | 43,80 | 3530 | 2780 | 1645 | 3445 |

Tabelle 21: Fortsetzung

| Verschleiß-gruppe | Werkstoffpaarung | | Verschleißbeträge | | | Ausgangshärte | | Härtesteigerung | |
|---|---|---|---|---|---|---|---|---|---|
| | Nr. | Versuchsbezeichnung treibend/bremsend | $\Delta\Sigma R$ µm | $\Delta R_t$ µm | $\Delta R_b$ µm | $HV_{t,o}$ $N/mm^2$ | $HV_{b,o}$ $N/mm^2$ | $\Delta HV_t$ $N/mm^2$ | $\Delta HV_b$ $N/mm^2$ |
| 5 | 26 | ND / VA | 85,00 | 33,40 | 51,60 | 2805 | 2895 | 2560 | 5365 |
| | 27 | NEd / VA | 87,27 | 27,92 | 59,35 | 3595 | 2770 | 2235 | 5780 |
| | 28 | VT / VA | 91,10 | 26,50 | 64,60 | 2780 | 3020 | 2560 | 5440 |
| | 29 | CB4 / VA | 95,38 | 30,58 | 64,80 | 3890 | 2805 | 2380 | 6270 |
| | 30 | VL3 / VA | 96,65 | 20,35 | 76,30 | 3060 | 2760 | 3460 | 6520 |
| | 31 | MB / VA | 105,90 | 45,80 | 60,10 | 3330 | 3000 | 2777 | 5607 |
| | 32 | NF2 / VA | 108,20 | 49,00 | 59,20 | 3683 | 2947 | 1827 | 5510 |
| | 33 | ND3 / VA | 108,85 | 38,90 | 69,95 | 3520 | 2810 | 2540 | 6060 |
| 6 | 34 | MA2 / VA | 117,30 | 39,45 | 77,85 | 3525 | 2890 | 2545 | 6070 |
| | 35 | NEe / VA | 117,71 | 16,26 | 101,45 | 3958 | 2890 | 2493 | 6540 |
| | 36 | ME2 / VA | 142,30 | 56,40 | 85,90 | 3840 | 2890 | 2240 | 6080 |

Tabelle 22: Einteilung der Werkstoffpaarungen nach Verschleißgruppen

| Verschleißgruppe | Gesamtverschleißbetrag $\Sigma\Delta R$ [µm] | Beschreibung |
|---|---|---|
| 1 | bis 10 | sehr niedrig |
| 2 | $10 < \Sigma\Delta R < 25$ | niedrig |
| 3 | $25 < \Sigma\Delta R < 45$ | mittel |
| 4 | $45 < \Sigma\Delta R < 75$ | hoch |
| 5 | $75 < \Sigma\Delta R < 110$ | sehr hoch |
| 6 | über 110 < | extrem hoch |

Tabelle 23: Gegenüberstellung einiger Werkstoffpaarungen mit gleichem Verschleißverhalten bei unterschiedlicher Kerbschlagzähigkeit des Stahls für den treibenden Prüfkörper (gerundete Zahlenwerte)

| Werkstoffpaarung | | VL/VA | CE 2/VA | MD/VA | ME/VA | CA/VA | CD 1/VA |
|---|---|---|---|---|---|---|---|
| Kerbschlagzähigkeit (Stahl des treibenden Prüfkörpers) | $a_K$ [J] | 23 | 62 | 26 | 48 | 41 | 74 |
| Gesamtverschleiß | $\Sigma\Delta R$ [μm] | 62 | 53 | 19 | 16 | 5,5 | 8 |
| Verschleiß des treibenden Prüfkörpers | $\Delta R_t$ [μm] | 31 | 33 | 14,5 | 12,5 | 4,5 | 6,7 |
| Verschleiß des bremsenden Prüfkörpers | $\Delta R_b$ [μm] | 31 | 20 | 5,5 | 3,5 | 1 | 1,3 |

Tabelle 24: Ergebnisse der zweiten Versuchsgruppe, geordnet nach steigendem Gesamt-Verschleiß $\Sigma\Delta R$; neuentwickelte Stähle der Gruppe L als Werkstoffe der bremsenden Prüfkörper

| Verschleiß-gruppe | Werkstoffpaarung | | Verschleißbeträge | | | Ausgangshärte | | Härtesteigerung | |
|---|---|---|---|---|---|---|---|---|---|
| | Nr. | Versuchs-bezeichnung treibend/bremsend | $\Sigma\Delta R$ µm | $\Delta R_t$ µm | $\Delta R_b$ µm | $HV_{t,o}$ N/mm² | $HV_{b,o}$ N/mm² | $\Delta HV_t$ N/mm² | $\Delta HV_b$ N/mm² |
| 2 | 41 | CA3 / LA | 19,60 | 17,96 | 1,64 | 3370 | 3815 | 1035 | 2215 |
| | 42 | CA3 / LD | 23,66 | 20,32 | 3,34 | 3725 | 4785 | 1550 | 1215 |
| | 43 | CA3 / LB | 25,05 | 21,98 | 3,07 | 3587 | 3387 | 1553 | 2723 |
| | 44 | VL / LE | 25,50 | 10,26 | 15,24 | 2577 | 3420 | 2933 | 1656 |
| 3 | 45 | CD3 / LB | 28,33 | 25,11 | 3,22 | 3605 | 3350 | 1610 | 3140 |
| | 46 | CA3 / LE | 32,45 | 17,51 | 14,94 | 3455 | 3750 | 1860 | 1678 |
| | 47 | CD3 / LA | 32,48 | 29,83 | 2,65 | 3610 | 3550 | 1855 | 3215 |
| | 48 | CD3 / LE | 32,98 | 16,93 | 16,05 | 3700 | 3490 | 1850 | 2150 |
| | 49 | VL / LD | 40,50 | 27,89 | 12,61 | 2453 | 4307 | 2140 | 1370 |
| | 50 | VL / LA | 43,80 | 38,89 | 4,91 | 2440 | 3560 | 2213 | 2830 |
| 4 | 51 | VL / LB | 48,45 | 34,34 | 10,11 | 2467 | 3290 | 2300 | 2657 |
| | 52 | CD3 / LD | 48,46 | 41,64 | 6,82 | 3735 | 4630 | 1450 | 2395 |
| | 53 | VL3 / LE | 52,58 | 9,96 | 42,62 | 3190 | 3395 | 3135 | 1810 |
| | 54 | VL3 / LD | 56,11 | 28,25 | 27,86 | 3385 | 4565 | 2835 | 1885 |
| | 55 | VL3 / LA | 56,77 | 48,68 | 8,19 | 3245 | 3605 | 3405 | 4670 |
| | 56 | ND3 / LD | 56,92 | 44,03 | 12,89 | 3970 | 4745 | 2015 | 2230 |
| | 57 | ND3 / LE | 59,35 | 8,44 | 50,91 | 3925 | 3555 | 2670 | 1360 |
| | 58 | ND3 / LB | 65,83 | 52,14 | 13,69 | 3980 | 3530 | 2375 | 4365 |
| | 59 | VL3 / LB | 73,22 | 45,67 | 27,55 | 3210 | 3305 | 3270 | 3255 |
| 6 | 60 | ND3 / LA | 125,07 | 55,40 | 69,67 | 4035 | 4000 | 1540 | 3970 |

## 11. Bildanhang

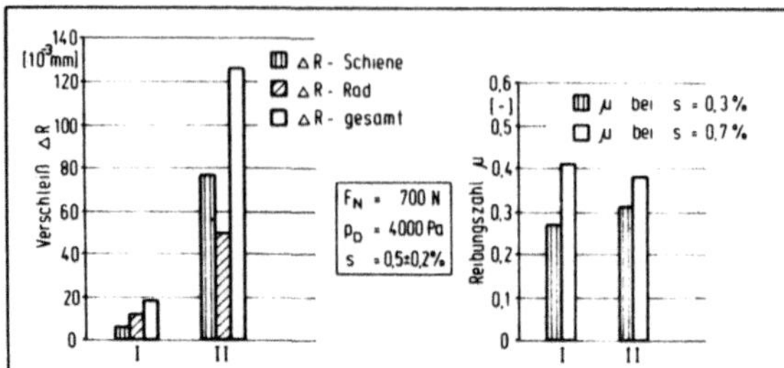


| | I | | II | |
|---|---|---|---|---|
| | Rad | Schiene | Rad | Schiene |
| Werkstoff | T 1 a | VA | T 1 b | VA |
| Zugfestigkeit [N/mm²] | 900 | 900 | 1100 | 900 |

Bild 1: Verschleiß und Reibungszahl als Funktion der Festigkeit

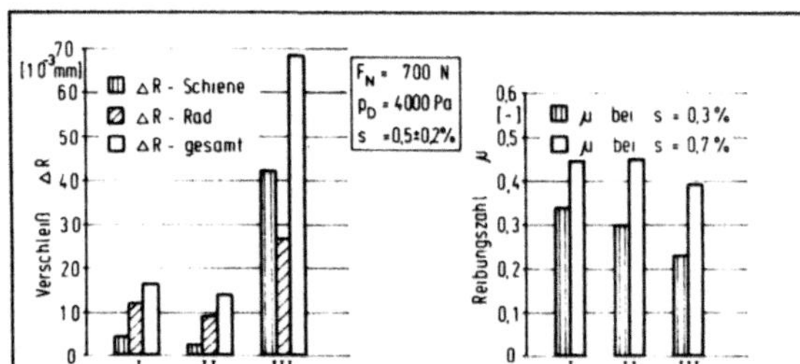


| | I | | II | | III | |
|---|---|---|---|---|---|---|
| | R | S | R | S | R | S |
| Werkstoff | T 2 | VA | T 3 | VA | T 4 a | VA |
| Zugfestigkeit [N/mm²] | 900 | 900 | 900 | 900 | 900 | 900 |
| Gefuge | Martensit | Perlit | Bainit | Perlit | Perlit | Perlit |

Bild 2: Verschleiß und Reibungszahl in Abhängigkeit von der Gefügeausbildung

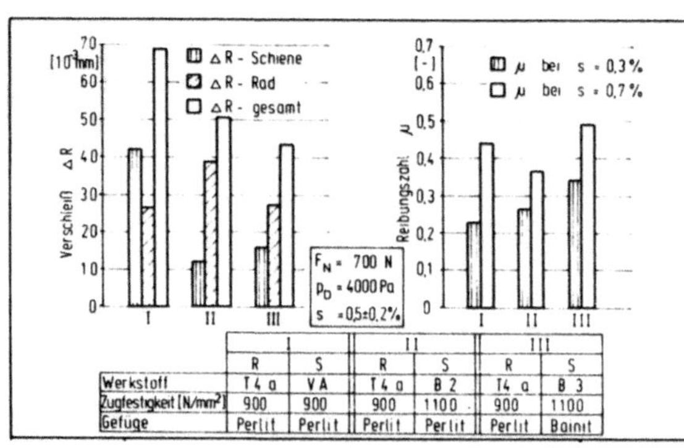


| | I | | II | | III | |
|---|---|---|---|---|---|---|
| | R | S | R | S | R | S |
| Werkstoff | T 4 a | VA | T 4 a | B 2 | T 4 a | B 3 |
| Zugfestigkeit [N/mm²] | 900 | 900 | 900 | 1100 | 900 | 1100 |
| Gefuge | Perlit | Perlit | Perlit | Perlit | Perlit | Bainit |

Bild 3: Verschleiß und Reibungszahl bei unterschiedlicher Schienenfestigkeit

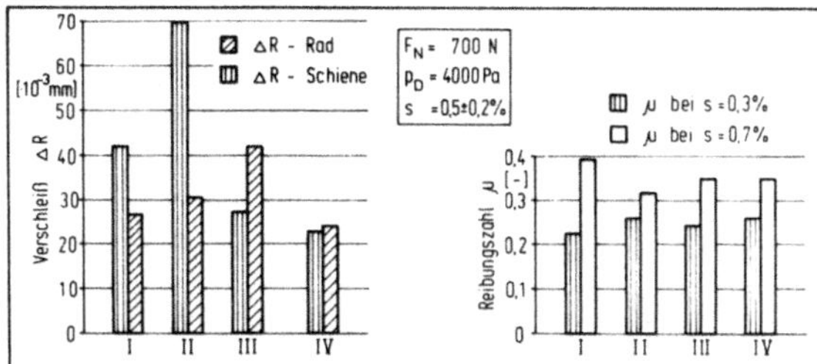


| | I | | II | | III | | IV | |
|---|---|---|---|---|---|---|---|---|
| | R | S | R | S | R | S | R | S |
| Werkstoff | T4 a | VA | T4 b | VA | T4 b | B 2 | T4 b | B 3 |
| Zugfestigkeit [N/mm²] | 900 | 900 | 1100 | 900 | 1100 | 1100 | 1 100 | 1100 |
| Gefüge | Perlit | Perlit | Perlit | Perlit | Perlit | Perlit | Perlit | Bainit |

Bild 4: Verschleiß und Reibungszahl bei unterschiedlichen Rad-/Schiene-Festigkeiten

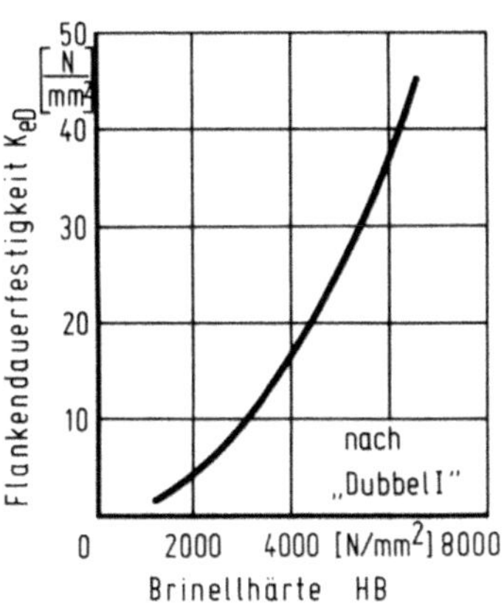


Bild 5: Flankendauerfestigkeit von Zahnrädern als Funktion der Werkstoffhärte /4/

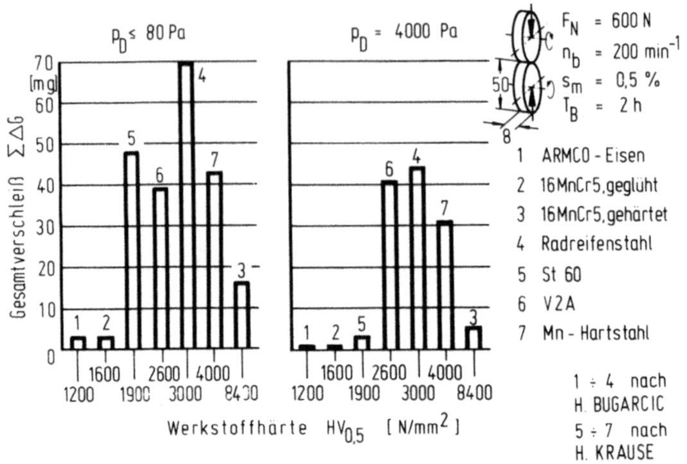


Bild 6: Gesamtverschleiß der Prüfkörper eines Wälzreibungssystems bei technisch trockener Reibung in Abhängigkeit verschieden harter Werkstoffe, nach H. Bugarcic /3/ und H. Krause /19/

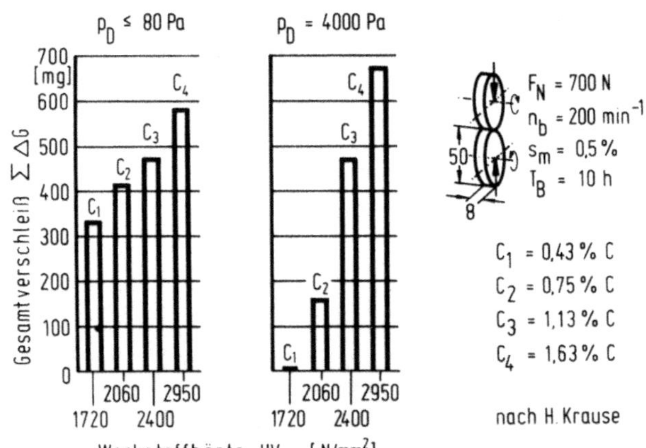


Bild 7: Einfluß des Kohlenstoffgehaltes auf den Gesamtverschleiß der Prüfkörper eines Wälzreibungssystems bei technisch trockener Reibung, nach H. Krause /20/

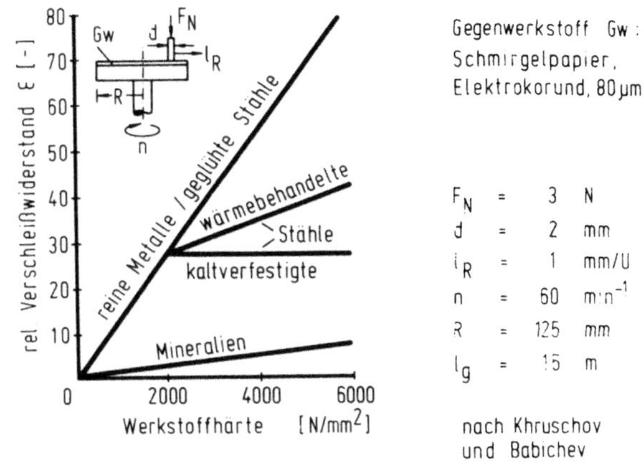


Bild 8: Relativer Verschleißwiderstand als Funktion der Werkstoffhärte, nach Khruschov und Babichev /29, 30/

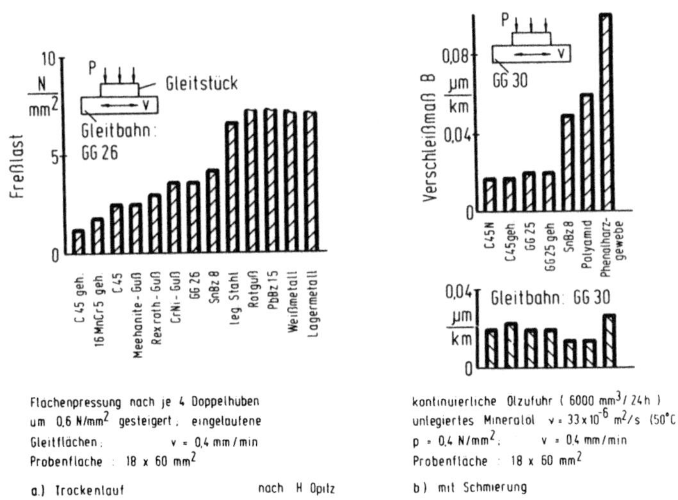


Bild 9: Ertragbare Freßlast bei Trockenlauf (a.) und Verschleiß bei gleichmäßiger Schmierung (b.) verschiedener Werkstoffe für Werkzeugmaschinenführungen, nach H. Opitz /46, 47/

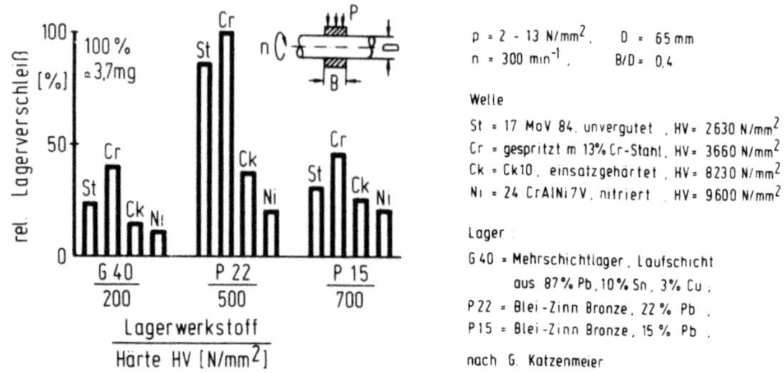


Bild 10: Relativer Verschleiß von Gleitlagerwerkstoffen in Abhängigkeit verschiedener Wellenwerkstoffe, nach G. Katzenmeier /48/

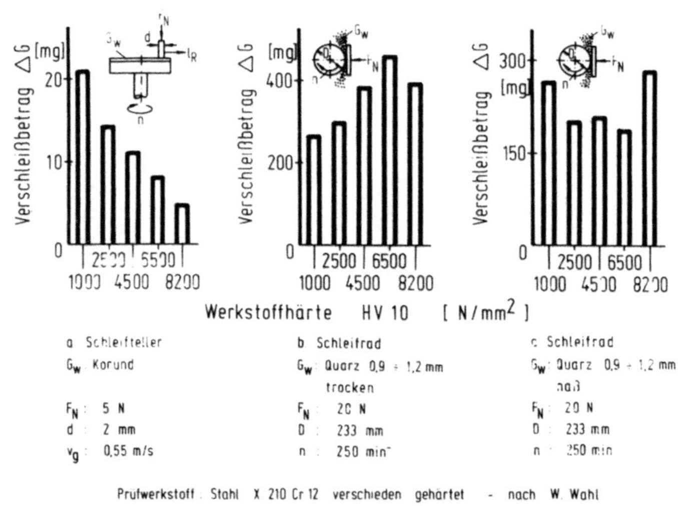


Bild 11: Verschleißbetrag als Funktion der Härte des Prüfwerkstoffes X 210 Cr 12 bei unterschiedlichen Prüfverfahren, nach W. Wahl /49/

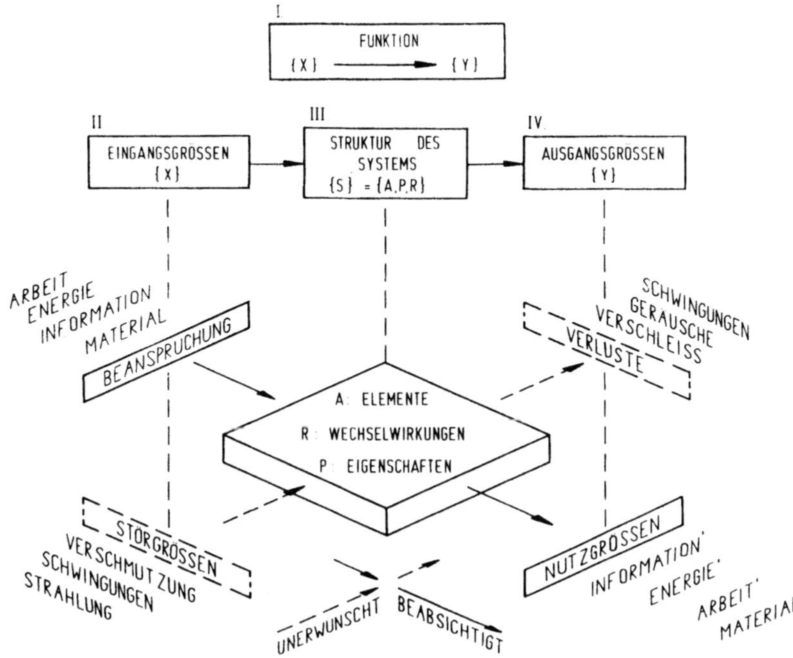


Bild 12: Allgemeine Systemanalyse und deren Anwendung auf tribologische Systeme

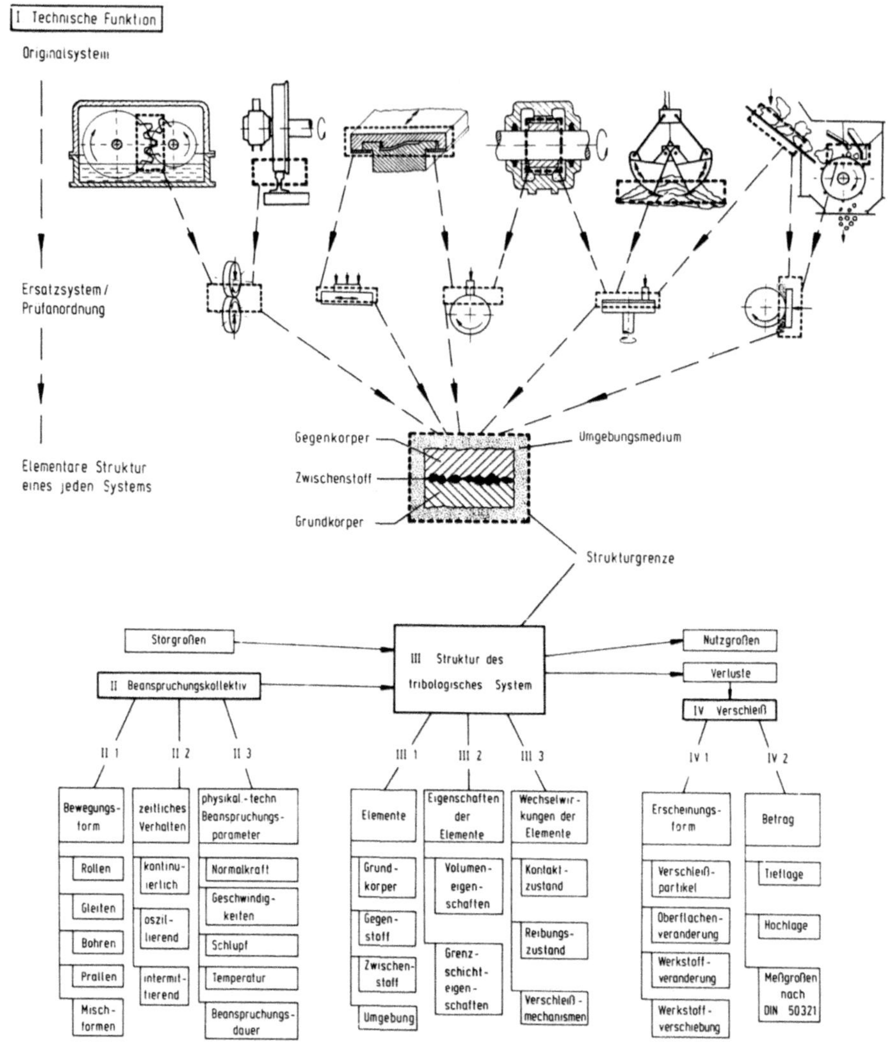


Bild 13: Systematische Analyse von Verschleißvorgängen

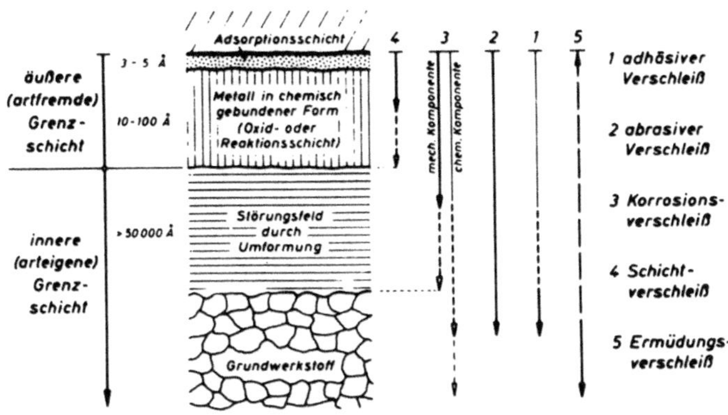


Bild 14: Aufbau metallischer Oberflächen (nach G. Schmaltz /75/) und Tiefenwirkung verschiedener Verschleißmechanismen, nach Broszeit /76/

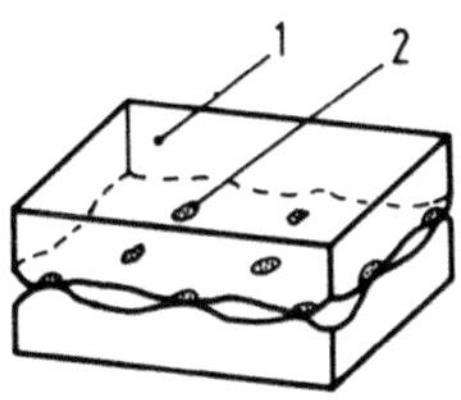


1: scheinbare Berührungsfläche A

2: tatsächliche Berührungsfläche $A_o$

Bild 15: Schematische Darstellung der Berührung zweier rauher Oberflächen, nach Kragelskii /77/

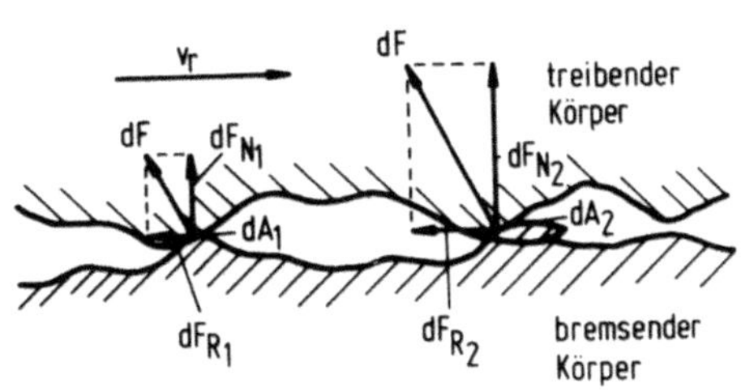


Bild 16: Verhalten der Rauheitserhebungen an den Kontaktflächen, nach Drescher /79/

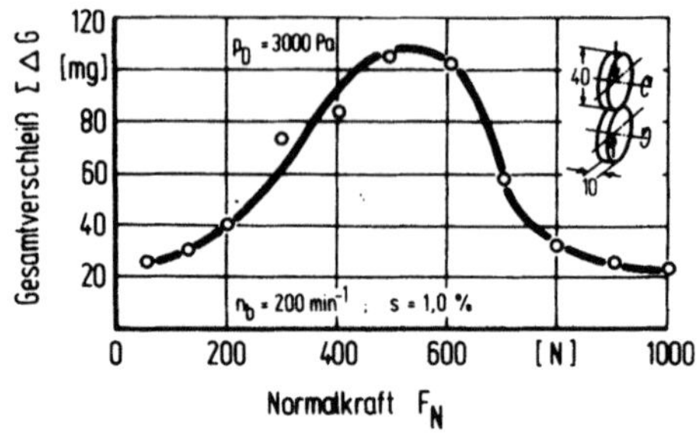


Bild 17: Abhängigkeit des Verschleißes bei Elektrolytkupfer von der Normalkraft, nach Fink, Euteneuer /84/

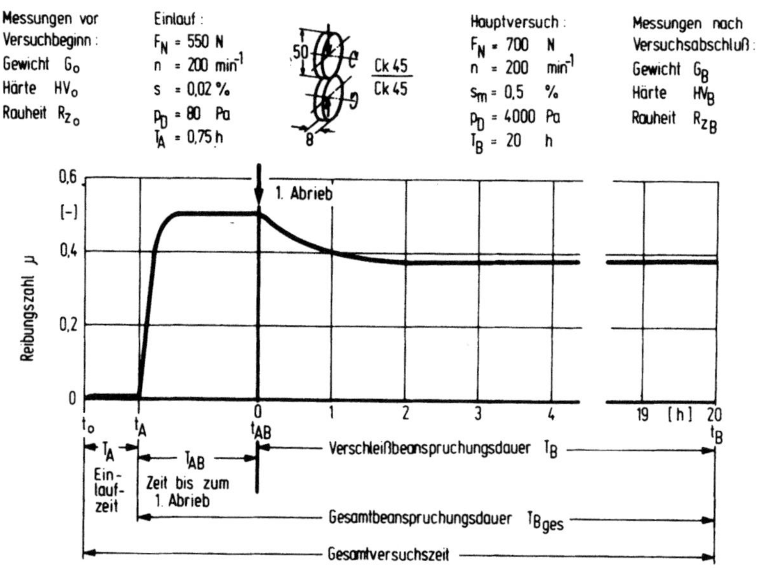


Bild 18: Grundsätzlicher Ablauf eines Wälzreibungsversuches zur Ermittlung des Verschleißverhaltens

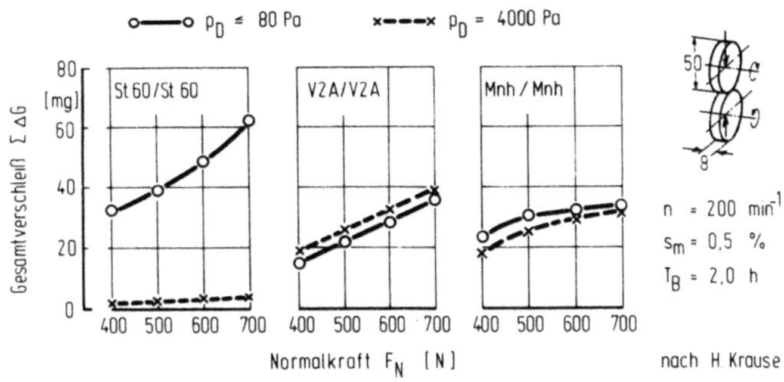


Bild 19: Gesamtverschleiß als Funktion der Normalkraft bei verschiedenen Wasserdampfpartialdrücken für drei Werkstoffpaarungen, nach H. Krause /19/

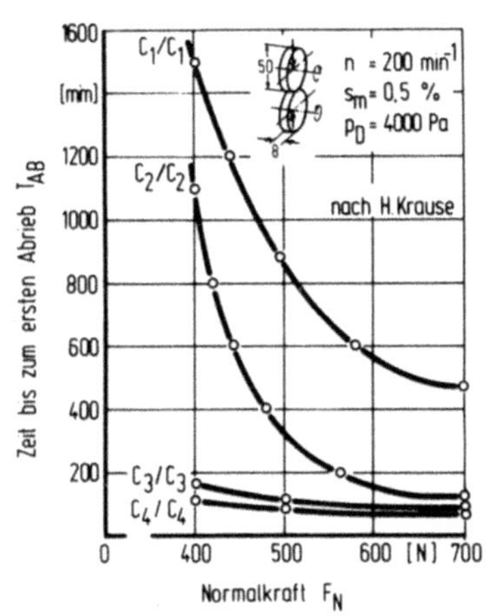


Bild 20: Einfluß der Normalkraft $F_N$ (Flächenpressung) auf die Zeit bis zum 1. Abrieb $T_{AB}$, nach H. Krause /20/

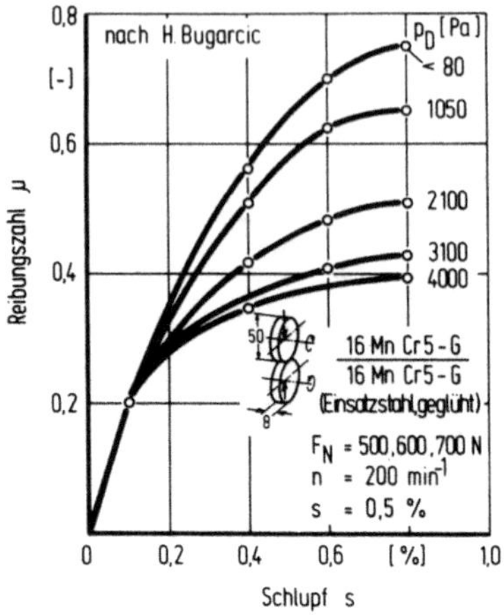


<u>Bild 21:</u> Reibungszahl μ als Funktion des Schlupfes s bei verschiedenen Umgebungsluftfeuchtigkeiten $p_D$ im Bereich kompakter Oxidschichten ($T_{Bges}$ $T_{AB}$), nach H. Bugarcic /3/

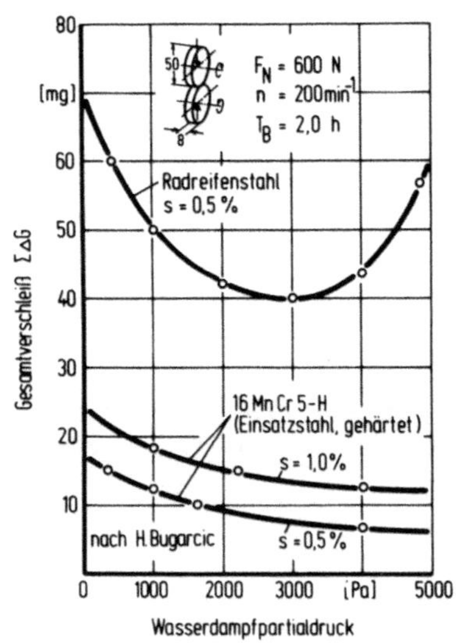


<u>Bild 22:</u> Gesamtverschleiß ΣΔG als Funktion des Schlupfes s und der Luftfeuchtigkeit (Wasserdampfpartialdruck), nach H. Bugarcic /3/

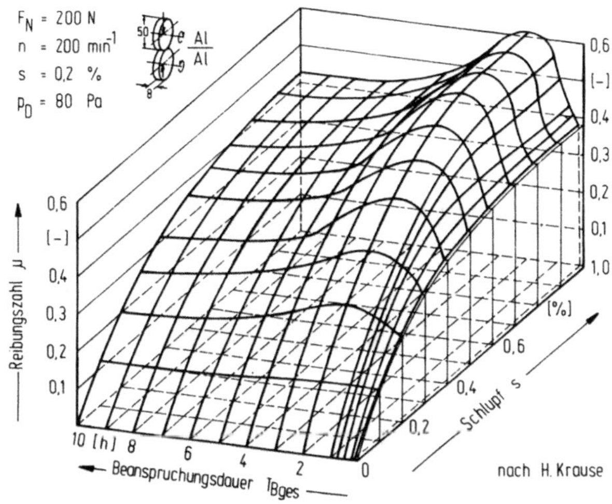


Bild 23: Reibungszahl μ als Funktion der Beanspruchungsdauer $T_{Bges}$ und des Schlupfes s, nach H. Krause /88/

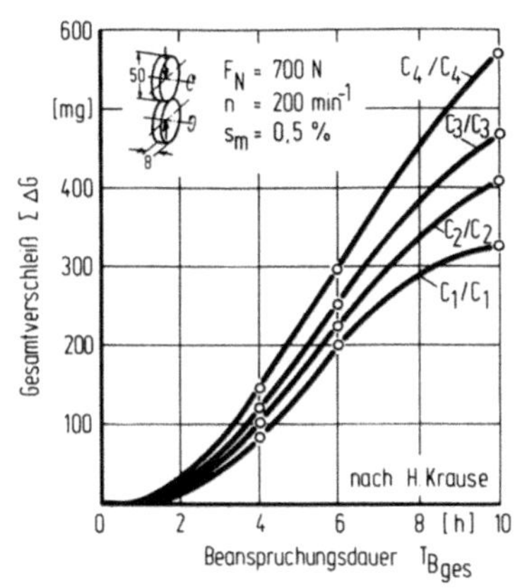


Bild 24: Gesamtverschleiß ΣΔG als Funktion der Beanspruchungsdauer $T_{Bges}$ für Kohlenstoffstähle, nach H. Krause /20/

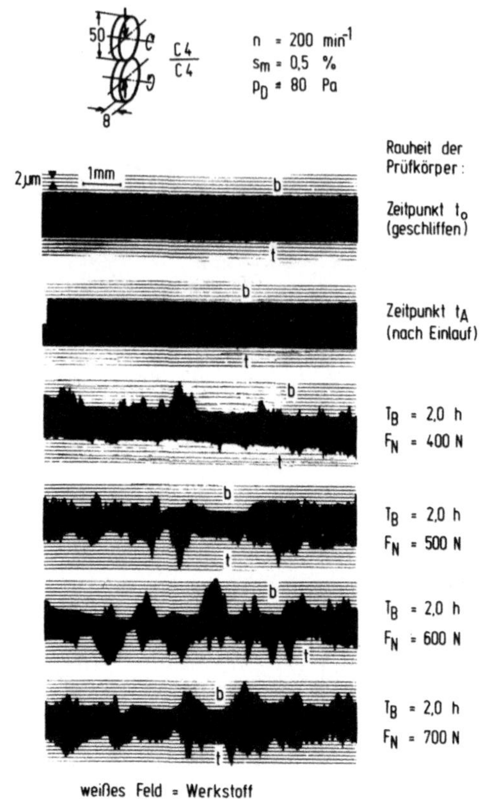


Bild 25: Rauheit der Prüfkörperlaufflächen nach einer Beanspruchungsdauer von $T_B$ = 2 h bei verschiedenen Normalkräften $F_N$, nach H. Krause /20/

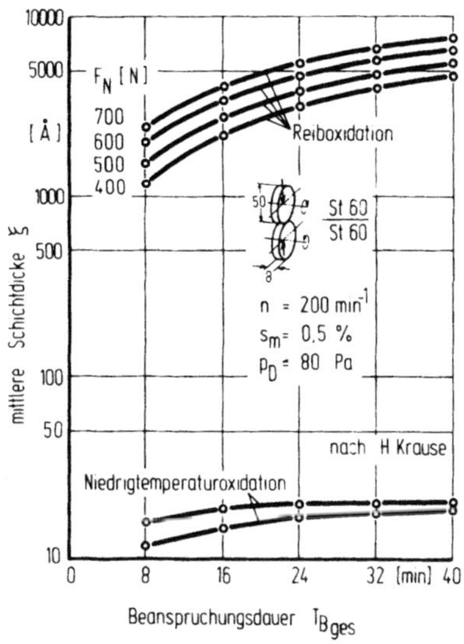


Bild 26: Mittlere Reiboxidations-Schichtdicke $\xi$ als Funktion der Normalkraft $F_N$ und der Beanspruchungszeit $T_{Bges}$ im Vergleich zur Niedrigtemperatur-Oxidation unverformter Oberflächen, nach H. Krause /20/

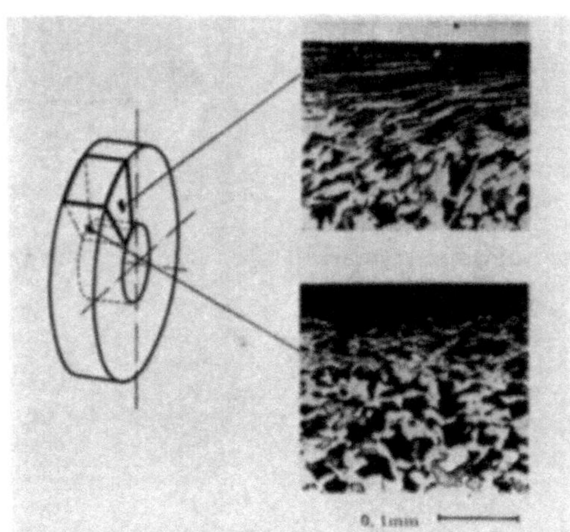


Bild 27: Plastische Verformung der Grenzschichten; Werkstoffpaarung: St 60/St 60; $F_N$ = 700 N; $s_m$ = 0,5 %; $p_D \leq$ 80 Pa; $T_B$ = 8 h; nach H. Krause /19/

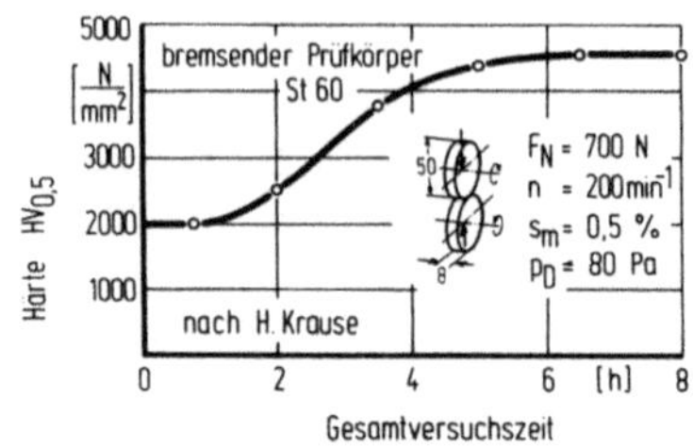


Bild 28: Anstieg der Laufflächenhärte $HV_{0,5}$ als Funktion der Gesamtversuchszeit, nach H. Krause /19/

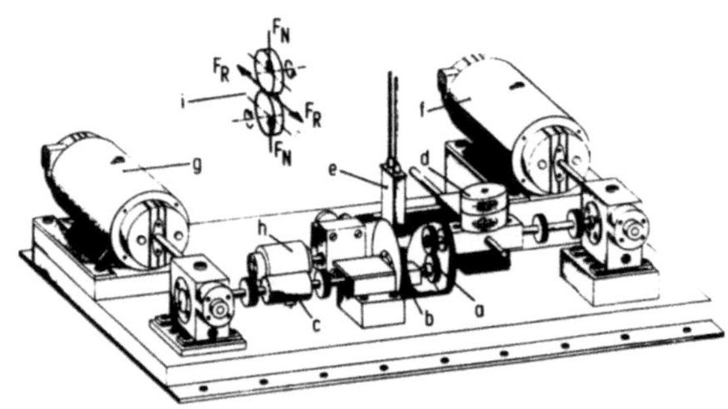


a Prüfkörper

b Klimakammer

c Drehmomentmeßwelle

d Belastungsgewichte (Normalkraft)

e Meßvorrichtung für Temperatur und rel. Luftfeuchtigkeit

f Synchronmotor, $n = 3000$ min$^{-1}$

g frequenzgesteuerter Synchronmotor, $n = 3030 \div 3120$ min$^{-1}$

h Antrieb für Axialbewegung

i prinzipielle Kraft- und Bewegungsverhältnisse an den Prüfkörpern

Bild 29: Wälzreibungsprüfmaschine - Bauart Bugarcic /3/

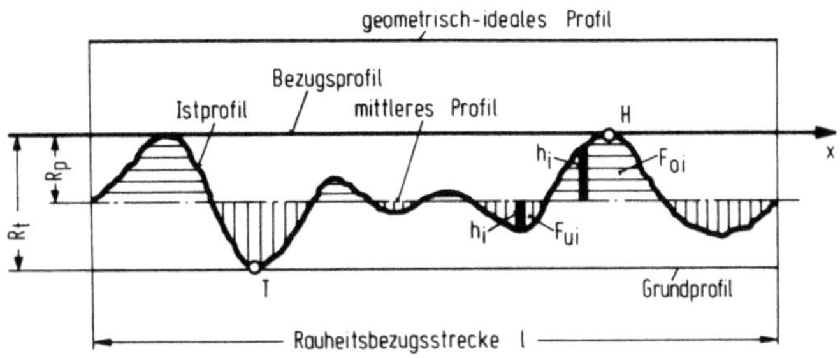


Bild 30: Lage verschiedener Bezugsprofile zum Istprofil technischer Oberflächen, nach DIN 4762 /73/

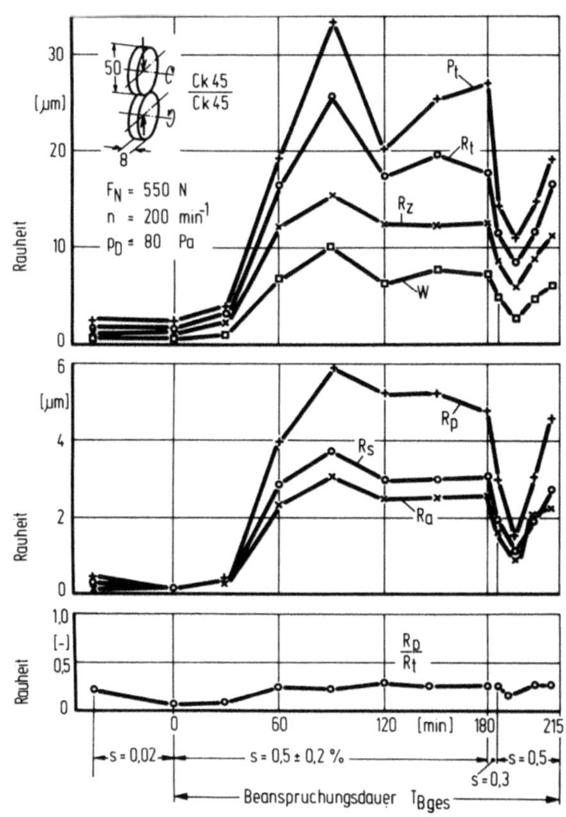


Bild 31: Verlauf verschiedener Rauheitsmaße als Funktion der Gesamtversuchszeit

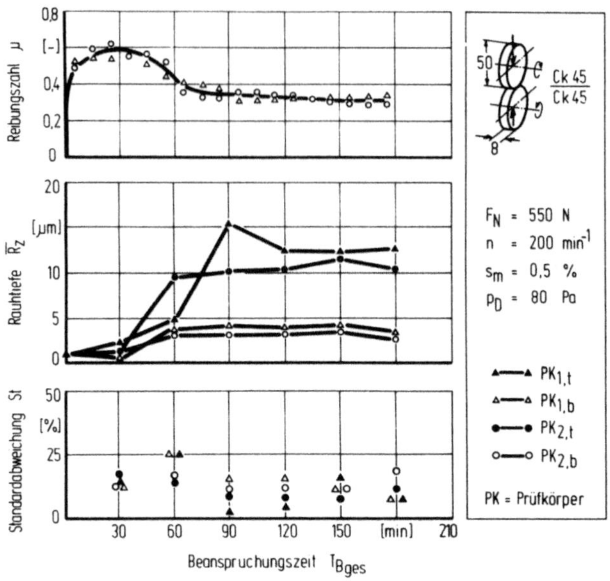


Bild 32: Reibungszahl und Rauheit der Prüfkörperlaufflächen als Funktion der Beanspruchungszeit

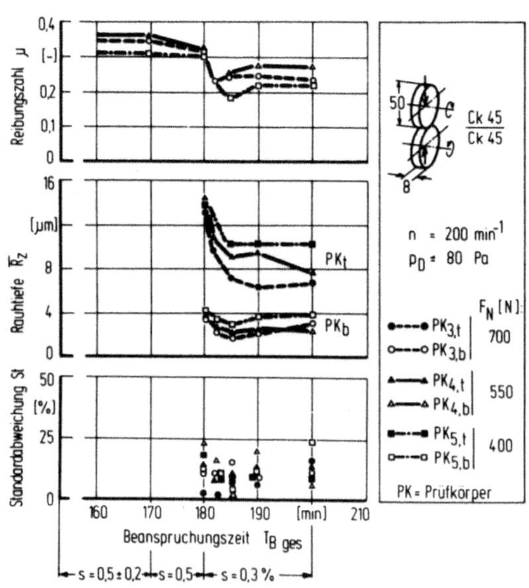


Bild 33: Reibungszahl und Rauheit der Prüfkörperlaufflächen als Funktion der Beanspruchungszeit bei unterschiedlichen Schlupf- und Normalkrafteinstellungen

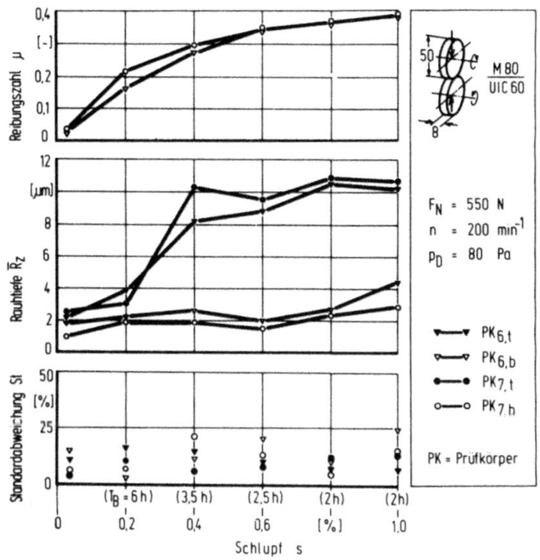


Bild 34: Reibungszahl und Rauheit der Prüfkörperlaufflächen als Funktion des Schlupfes

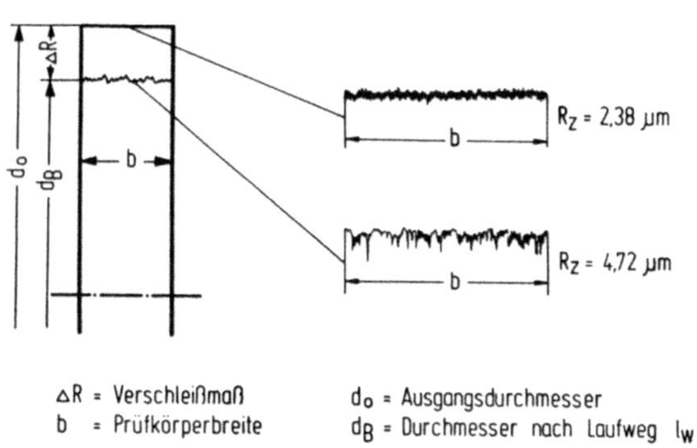


Bild 35: Verschleißbild und Rauheit der Laufflächen vor und nach Versuchsdurchführung

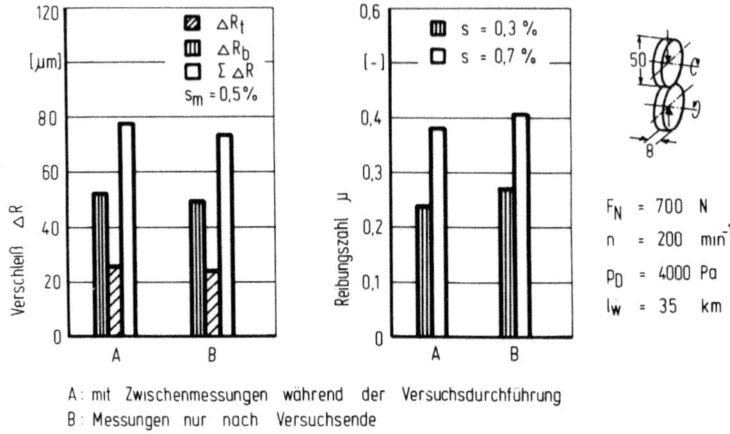


Bild 36: Ergebnisvergleich bei unterschiedlichen Zeitpunkten der Meßwerterfassung

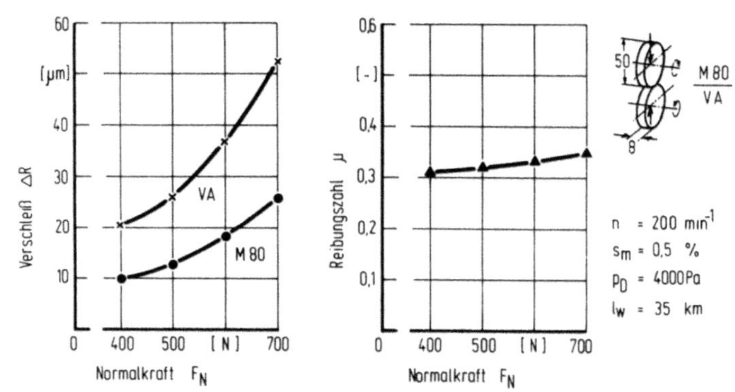


Bild 37: Verschleiß und Reibungszahl als Funktion der Normalkraft

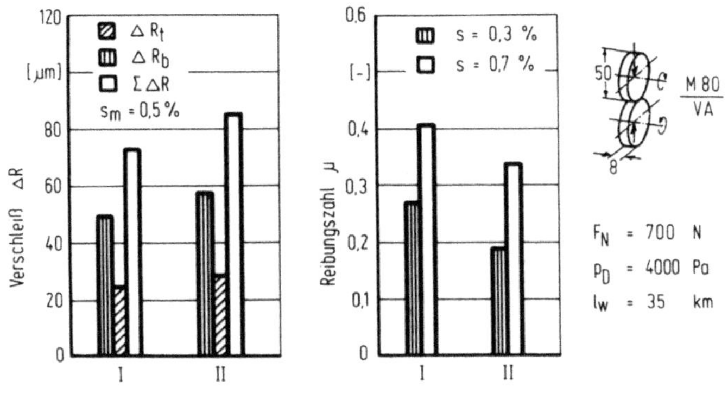


I : Prüfkörperdrehzahl n = 200 min$^{-1}$ ; II : Prüfkörperdrehzahl n = 300 min$^{-1}$

<u>Bild 38:</u> Verschleiß und Reibungszahl als Funktion der Prüfkörperdrehzahl

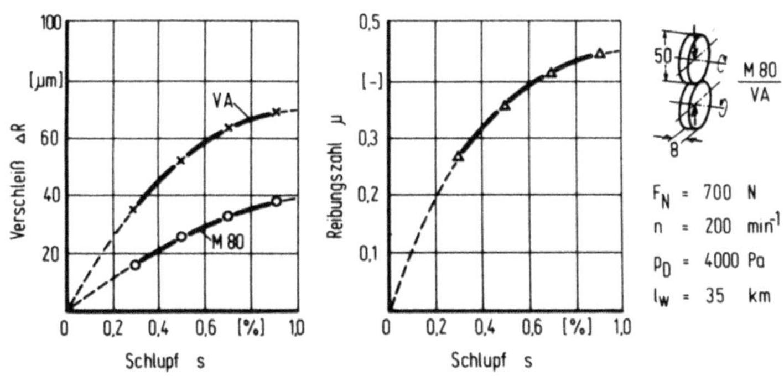


<u>Bild 39:</u> Verschleiß und Reibungszahl als Funktion des Schlupfes

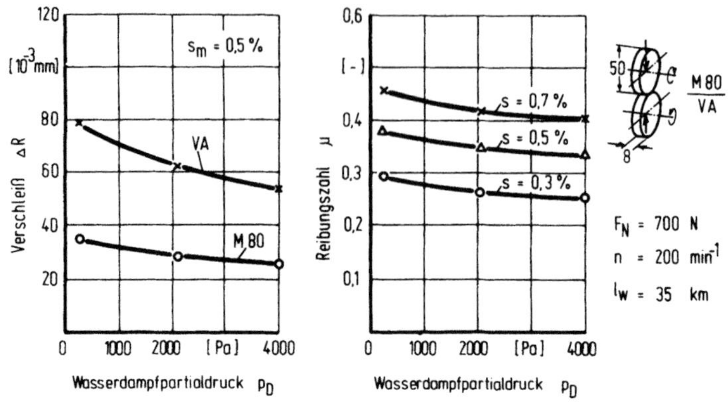


Bild 40: Verschleiß und Reibungszahl als Funktion des Wasserdampfpartialdruckes

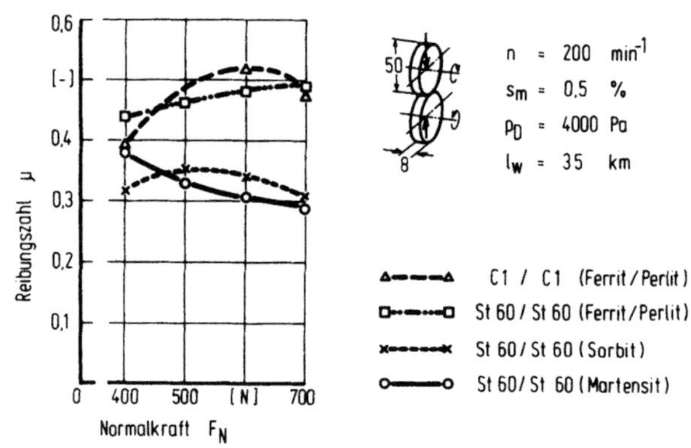


Bild 41: Reibungszahl als Funktion der Normalkraft für verschiedene Werkstoffpaarungen

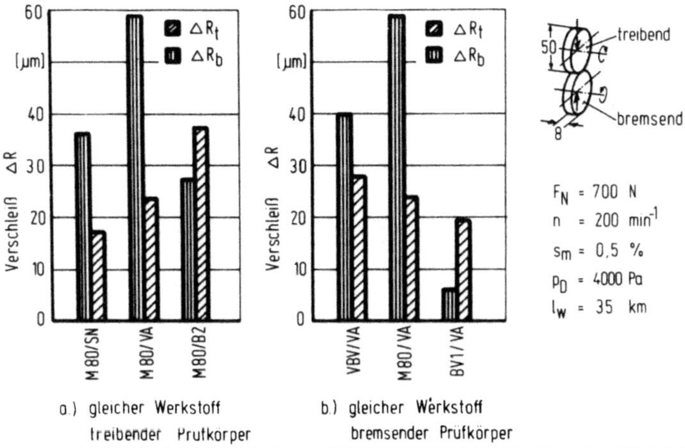


| t / b | t / b | t / b | t / b | t / b | |
|---|---|---|---|---|---|
| M80 / SN | M80 / B2 | M80 / VA | VBV / VA | BV1 / VA | Werkstoffpaarung |
| 875 / 800 | 875 / 1200 | 875 / 935 | 1000 / 935 | 600 / 935 | Zugfestigkeit $\sigma_B$ [N/mm²] |

Bild 42: Verschleißbeträge bei Variation des Gegenwerkstoffes

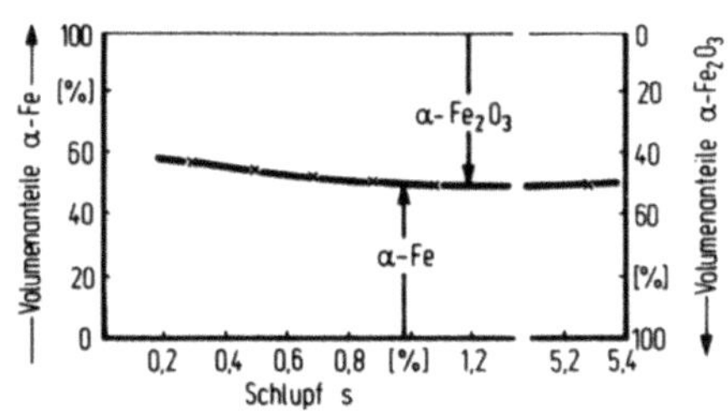


Bild 43: Zusammensetzung der Verschleißpartikel als Funktion des Schlupfes bei technisch trockener Wälzreibung

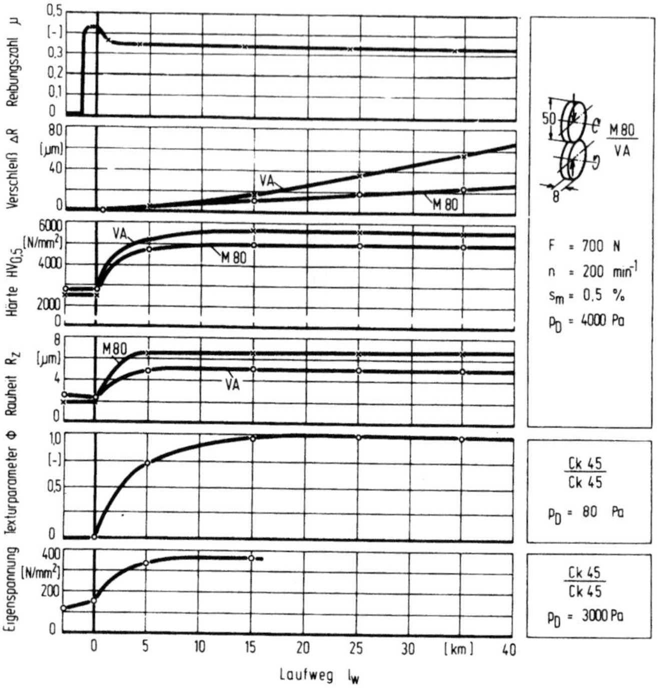


Bild 44: Veränderung der Grenzschichteigenschaften durch technisch trockene Wälzreibung

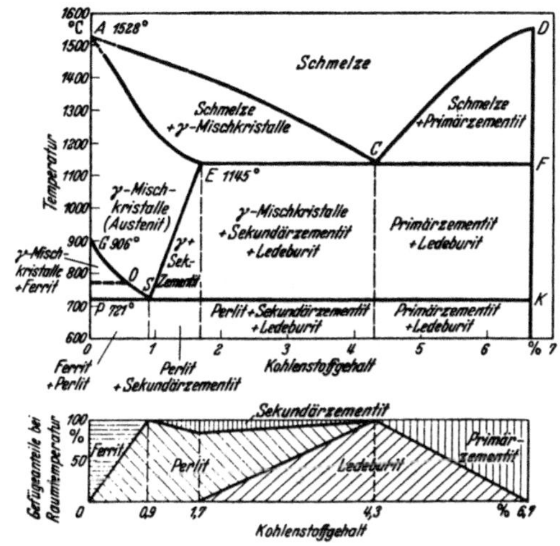


Bild 45: Eisen-Kohlenstoff-Diagramm in vereinfachter Darstellung /4/

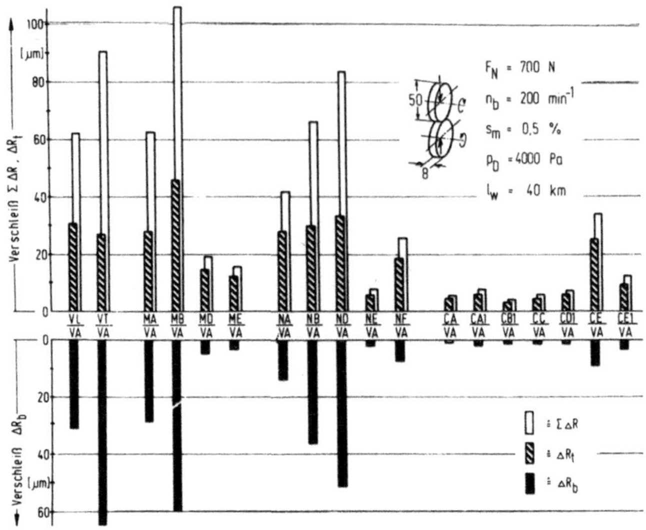


Bild 46: Verschleißbeträge, geordnet nach den Werkstoffgruppen V, M, N und C; Festigkeitsstufe I der Stähle für antreibende Prüfkörper

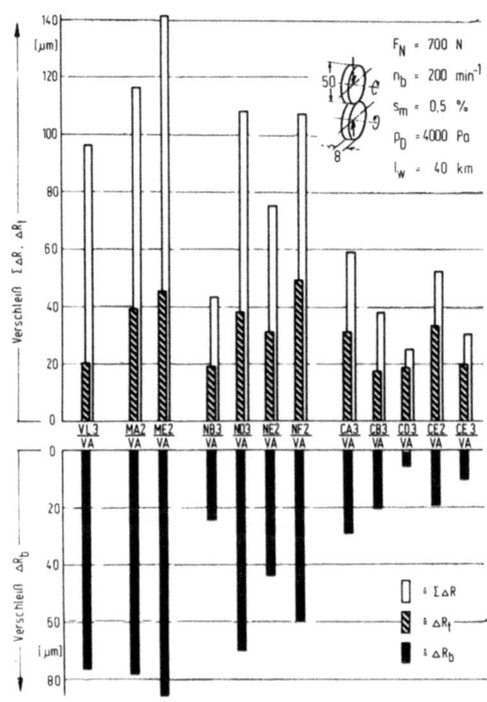


Bild 47: Verschleißbeträge, geordnet nach den Werkstoffgruppen V, M, N und C; Festigkeitsstufe II der Stähle für antreibende Prüfkörper

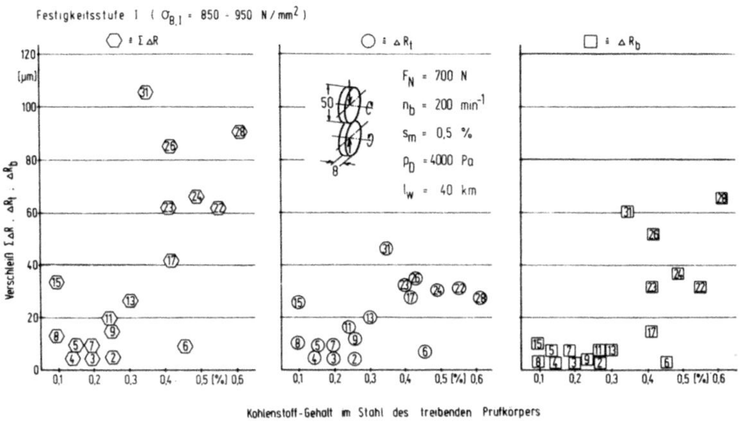


Bild 48: Verschleiß als Funktion des Kohlenstoff-Gehaltes im Stahl des treibenden Prüfkörpers in der Festigkeitsstufe I

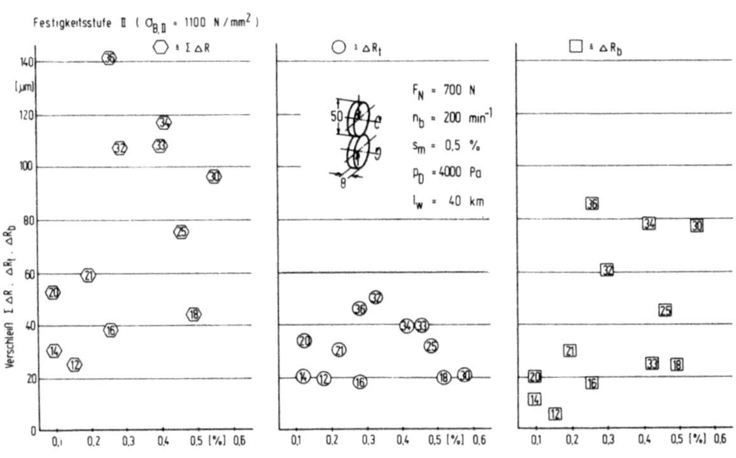


Bild 49: Verschleiß als Funktion des Kohlenstoff-Gehaltes im Stahl des treibenden Prüfkörpers in der Festigkeitsstufe II

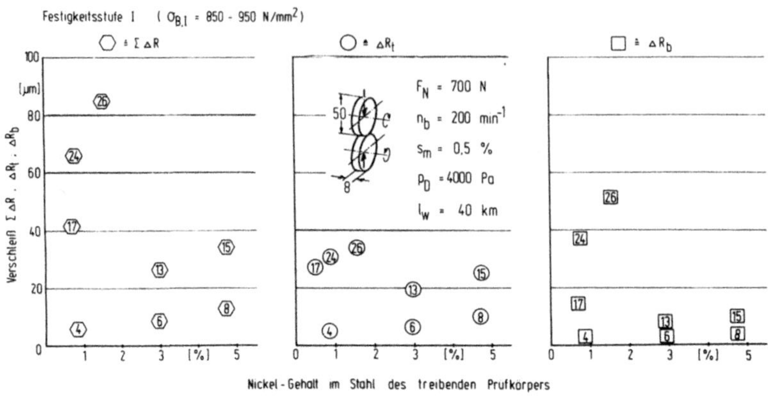


Bild 50: Verschleiß als Funktion des Nickel-Gehaltes im Stahl des treibenden Prüfkörpers in der Festigkeitsstufe I

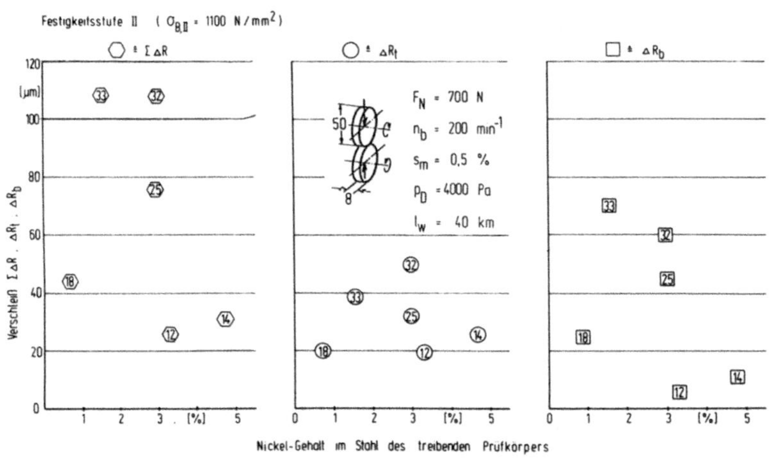


Bild 51: Verschleiß als Funktion des Nickel-Gehaltes im Stahl des treibenden Prüfkörpers in der Festigkeitsstufe II

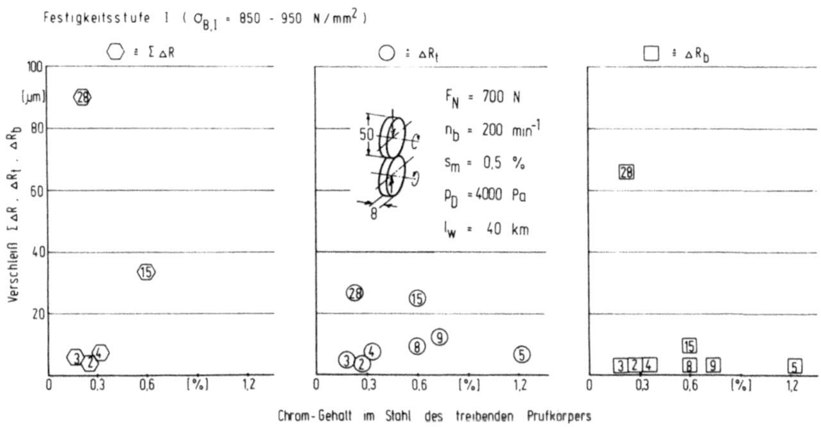


Bild 52: Verschleiß als Funktion des Chrom-Gehaltes im Stahl des treibenden Prüfkörpers in der Festigkeitsstufe I

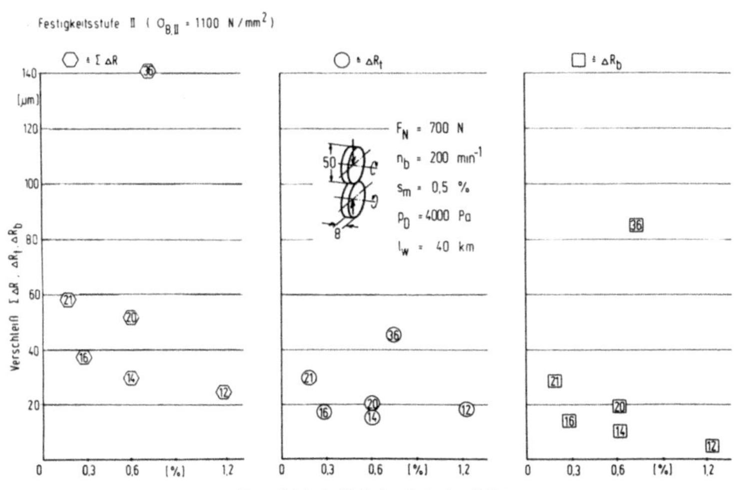


Bild 53: Verschleiß als Funktion des Chrom-Gehaltes im Stahl des treibenden Prüfkörpers in der Festigkeitsstufe II

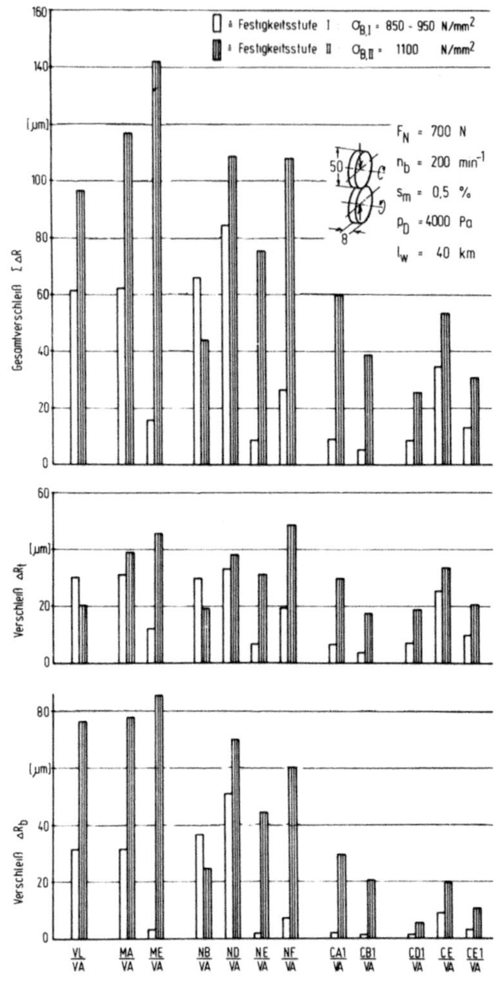


Bild 54: Verschleiß als Funktion der Festigkeit bei gleicher chemischer Zusammensetzung der jeweiligen Stähle für treibende Prüfkörper

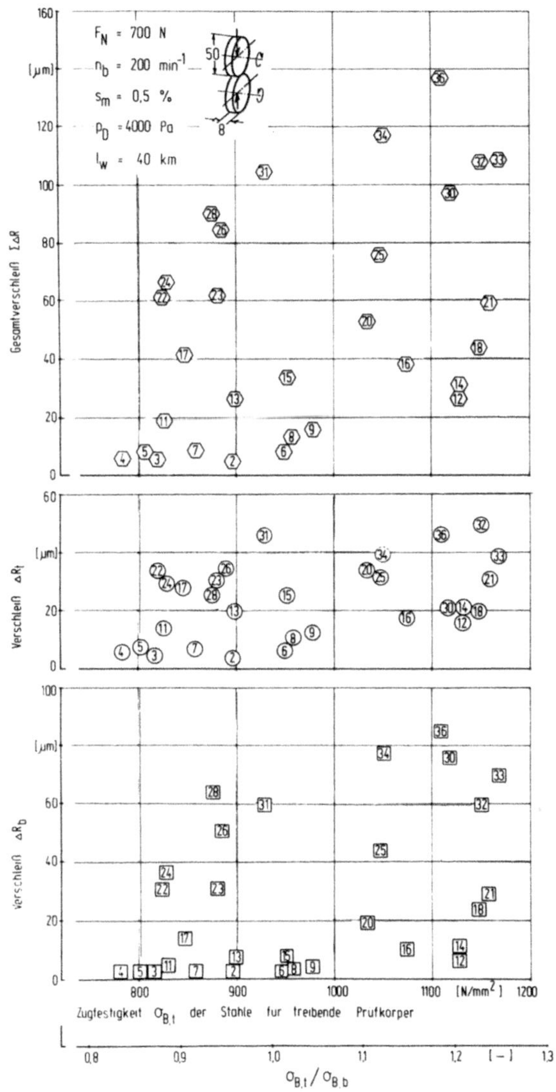


Bild 55: Verschleiß als Funktion der Zugfestigkeit der Stähle für treibende Prüfkörper

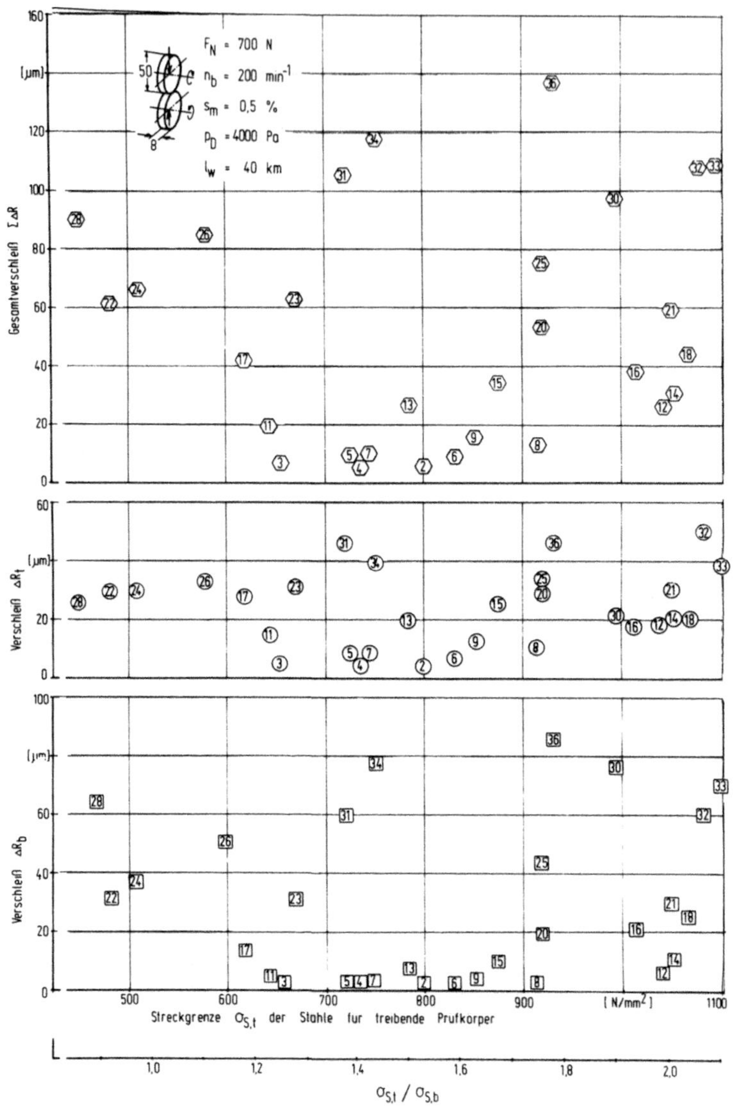


Bild 56: Verschleiß als Funktion der Streckgrenze der Stähle für treibende Prüfkörper

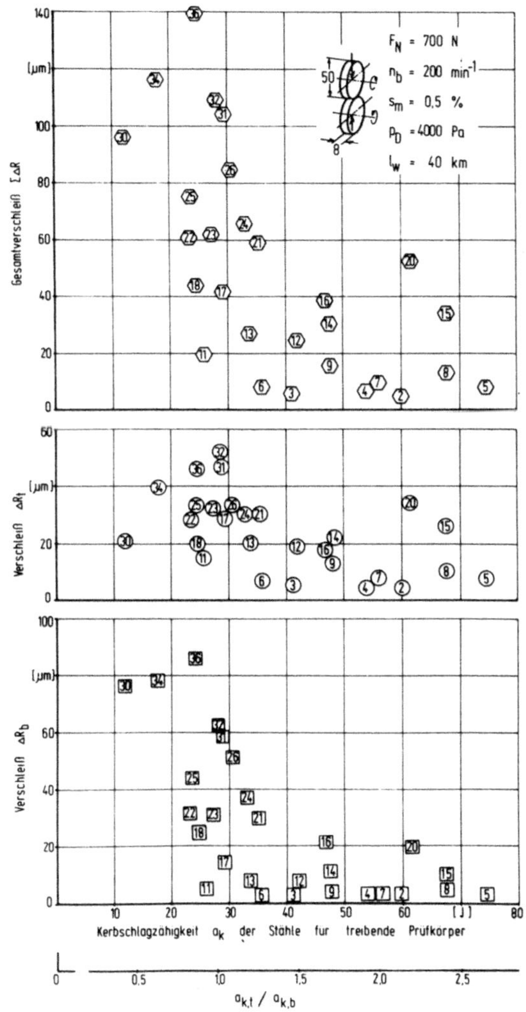


Bild 57: Verschleiß als Funktion der Kerbschlagzähigkeit der Stähle für treibende Prüfkörper

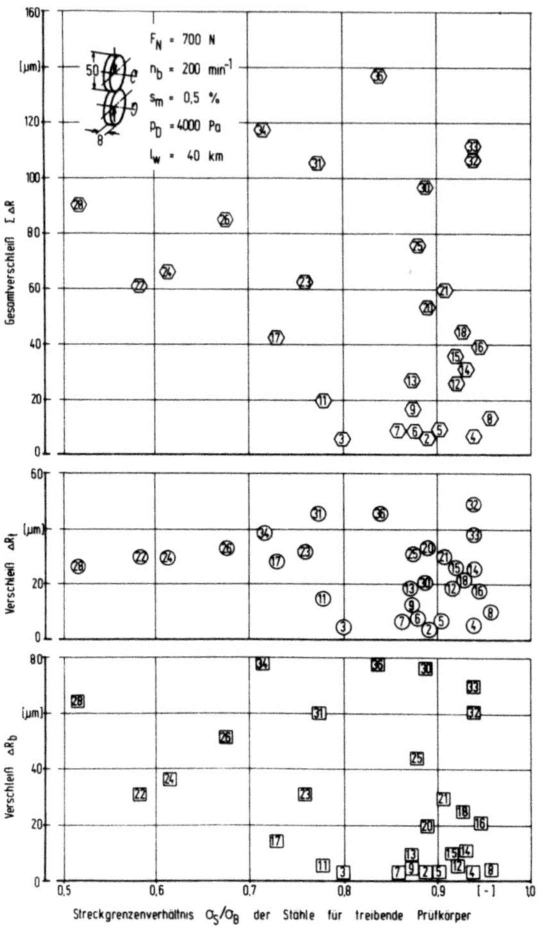


Bild 58: Verschleiß als Funktion des Streckgrenzenverhältnisses der Stähle für treibende Prüfkörper

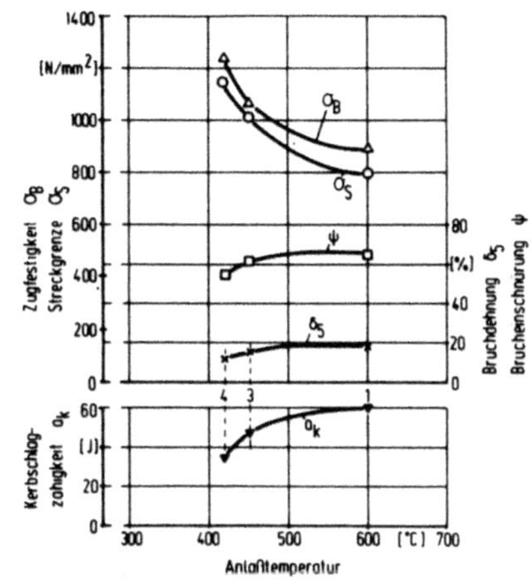


Bild 59: Vergütungsschaubild des Stahls CB

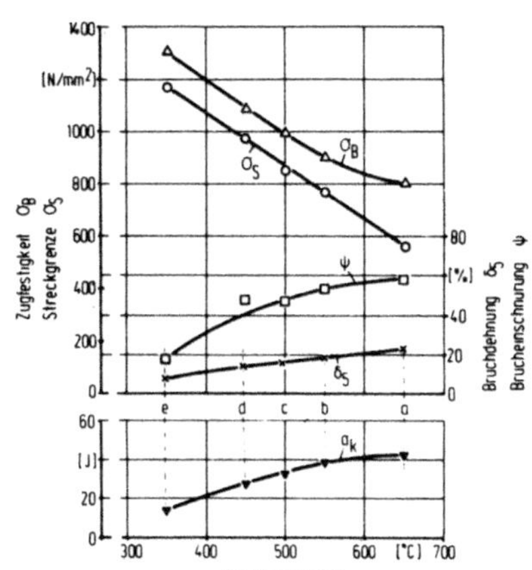


Bild 60: Vergütungsschaubild des Stahls NE

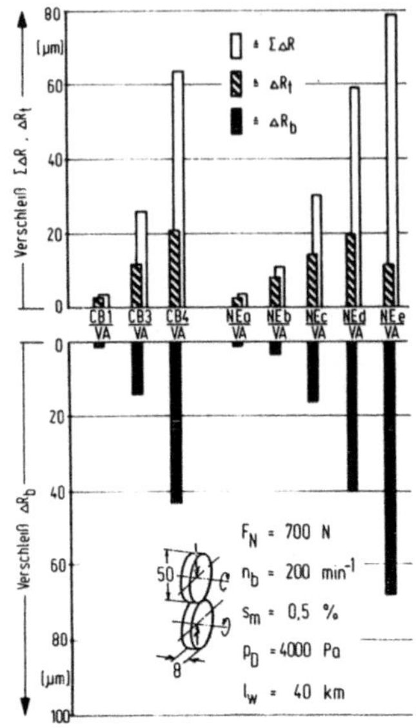


Bild 61: Verschleiß als Funktion der Festigkeit der Stähle CB und NE bei gleicher chemischer Zusammensetzung und Gefügeausbildung in Kombination mit dem Vergleichsstahl VA

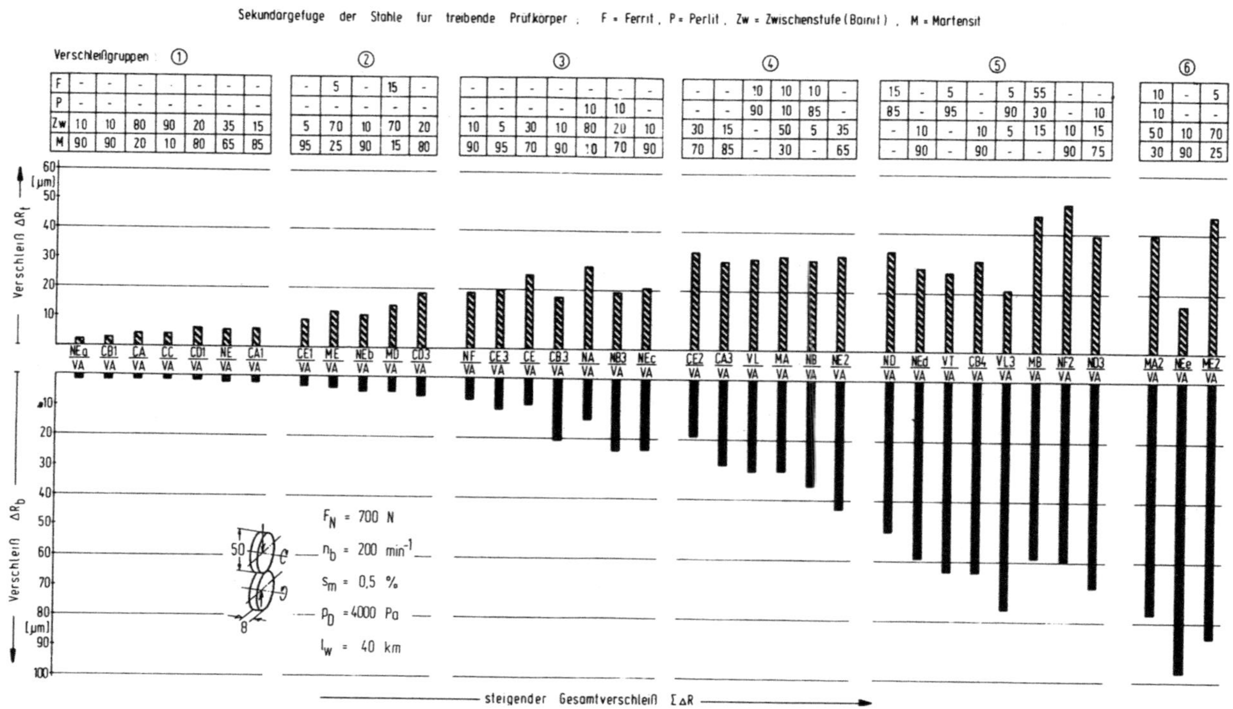


Bild 62: Einzelverschleißbeträge der Werkstoffkombinationen mit dem Vergleichsstahl VA, in Verschleißgruppen nach steigendem Gesamtverschleiß geordnet

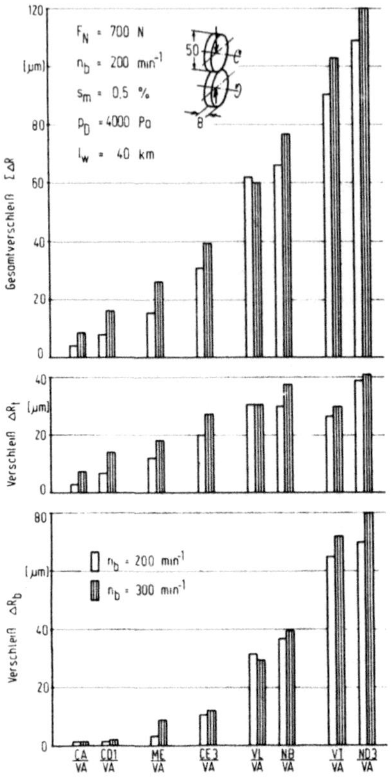

Bild 63: Verschleiß als Funktion der Prüfkörperdrehzahl

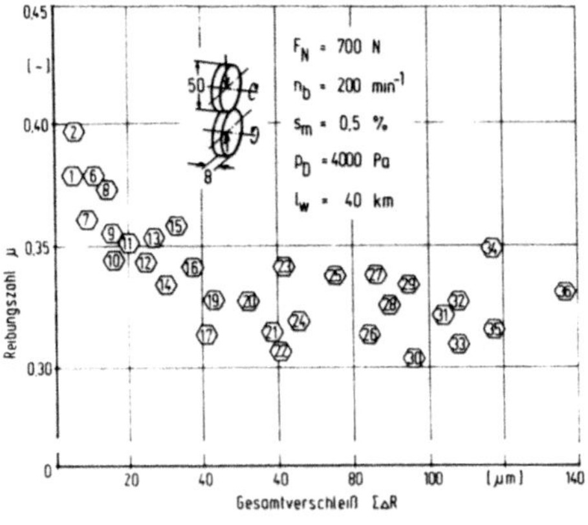

Bild 64: Zusammenhang von Reibungszahl und Gesamtverschleiß

**Bild 65:** Verschleißpartikel der Werkstoffpaarung CA/VA in drei Vergrößerungsstufen

Verschleißbeträge:

$\Sigma\Delta R = 5{,}53$ µm

$\Delta R_t = 4{,}43$ µm

$\Delta R_b = 1{,}00$ µm

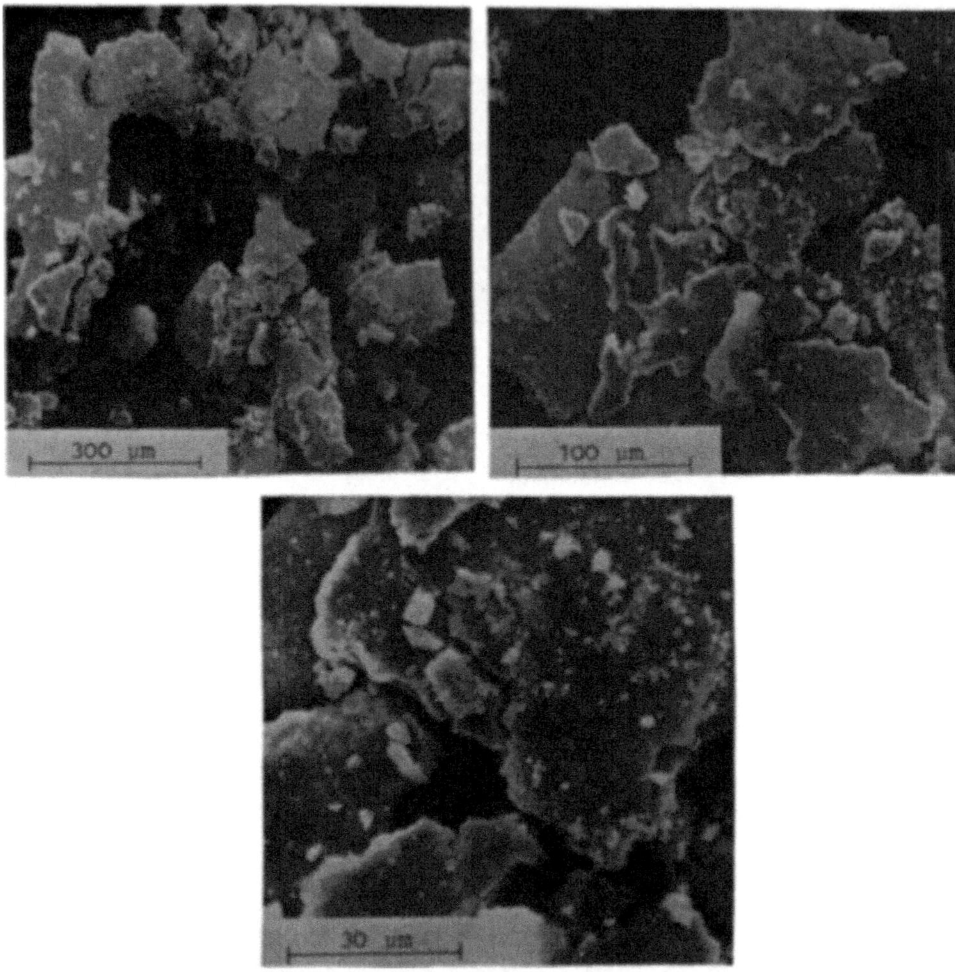


Bild 66: Verschleißpartikel der Werkstoffpaarung CB 3/VA in drei Vergrößerungsstufen

Verschleißbeträge:

$\Sigma\Delta R$ = 38,17 µm
$\Delta R_t$ = 17,22 µm
$\Delta R_b$ = 20,95 µm

Bild 67: Verschleißpartikel der Werkstoffpaarung VT/VA in drei Vergrößerungsstufen

Verschleißbeträge:

$\Sigma\Delta R$ = 91,10 µm

$\Delta R_t$ = 26,50 µm

$\Delta R_b$ = 64,60 µm

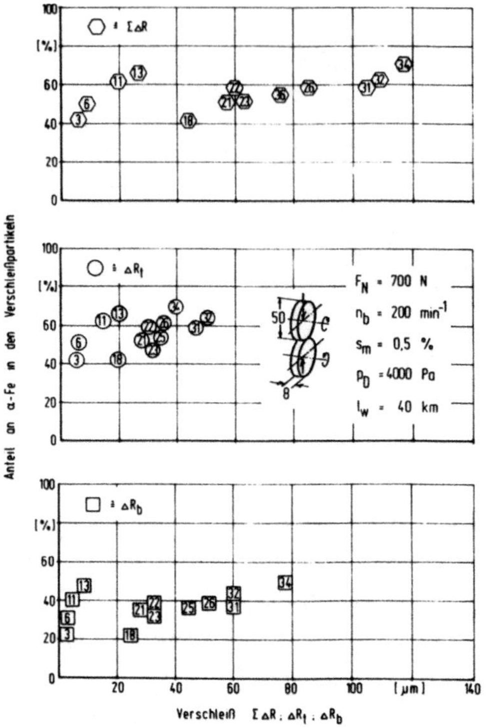


Bild 68: Einfluß der chemischen Zusammensetzung der angefallenen Verschleißpartikel aus der Höhe der Verschleißbeträge

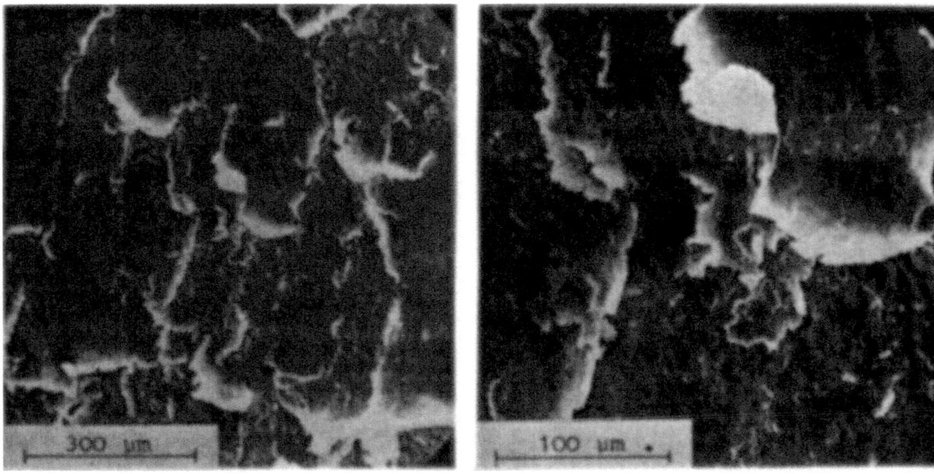


Bild 69: Ausschnitt aus der beanspruchten Oberfläche des bremsenden Prüfkörpers der Paarung MB/VA; rasterelektronenmikroskopische Aufnahme bei einem Kippwinkel der Probe von $40^{o}$; Verschleißbetrag $\Delta R_{b}$ = 60,10 µm

Bild 70: Gleicher Oberflächenausschnitt wie in Bild 69, Aufnahme jedoch bei tangentialem Blick auf die Probe (Kippwinkel $0^{o}$)

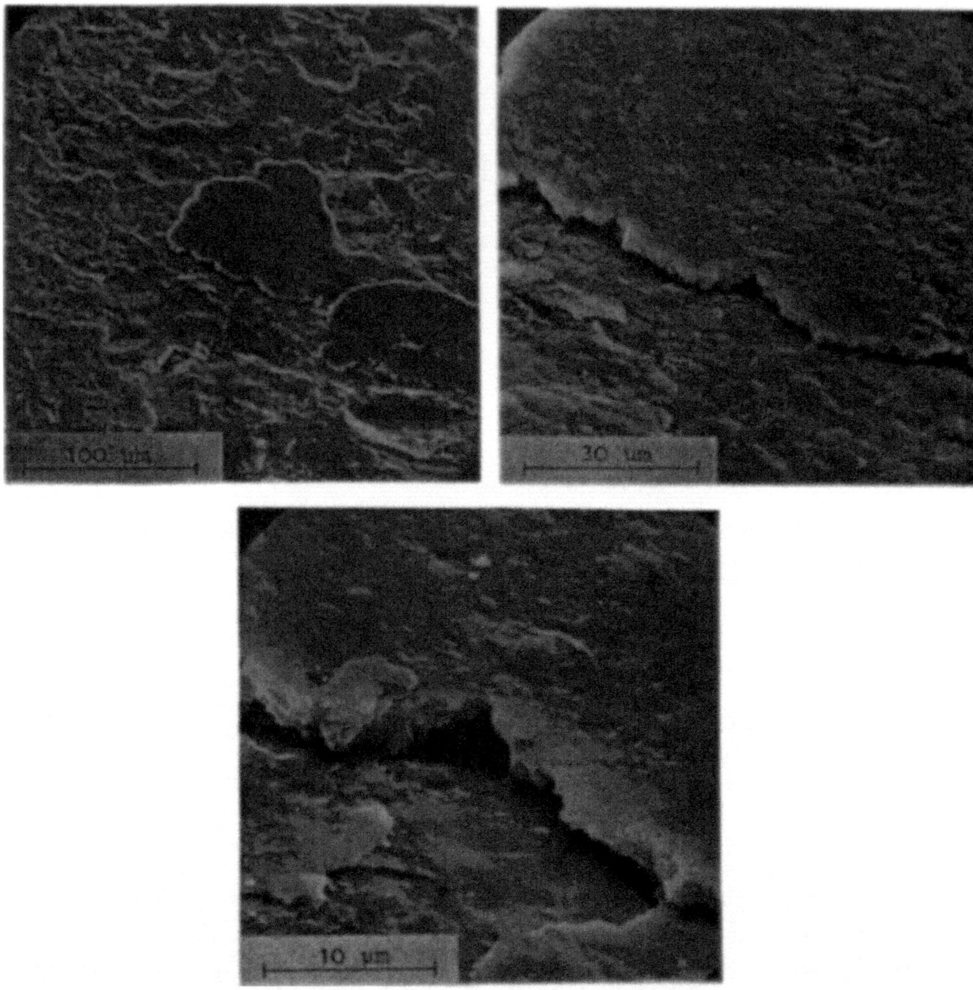


Bild 71: Ausschnitt aus der beanspruchten Oberfläche des treibenden Prüfkörpers der Werkstoffpaarung CD 1/VA in drei Vergrößerungsstufen

Verschleißbeträge:

$\Sigma\Delta R$ = 7,91 µm

$\Delta R_t$ = 6,63 µm

$\Delta R_b$ = 1,28 µm

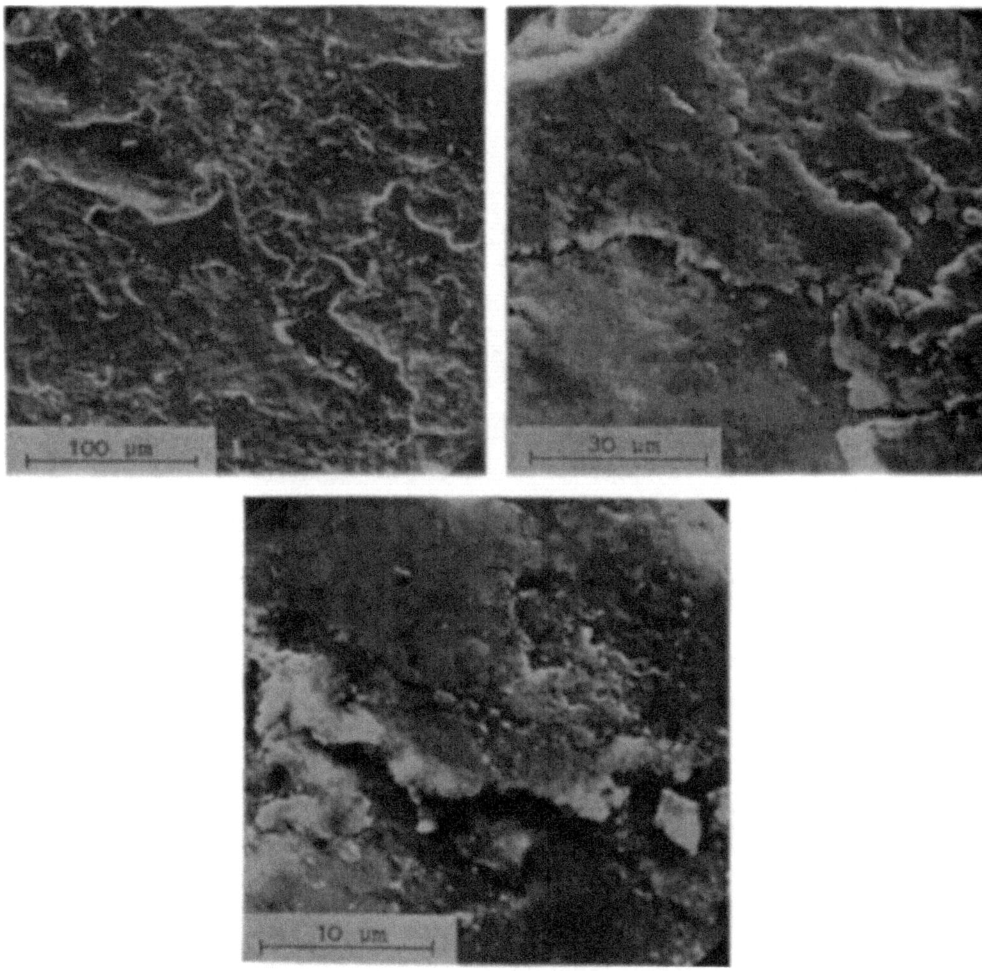


Bild 72: Ausschnitt aus der beanspruchten Oberfläche des treibenden Prüfkörpers der Werkstoffpaarung VL/VA in drei Vergrößerungsstufen

Verschleißbeträge:

$\Sigma\Delta R = 61{,}83\ \mu m$

$\Delta R_t = 30{,}73\ \mu m$

$\Delta R_b = 31{,}10\ \mu m$

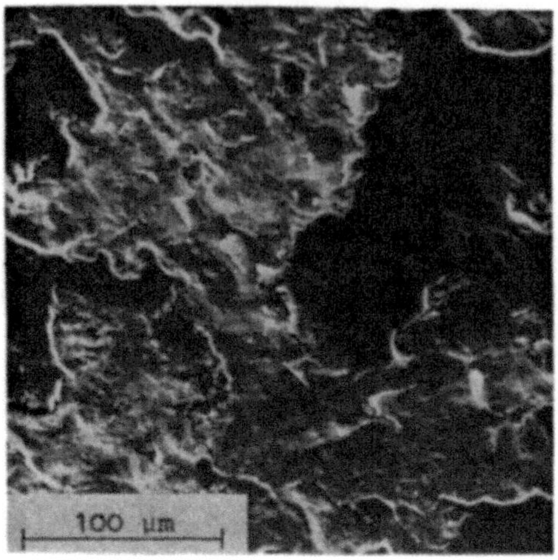


Bild 73: Ausschnitt aus der beanspruchten Oberfläche des treibenden Prüfkörpers der Werkstoffpaarung MD/VA

Verschleißbetrag:

$\Delta R_t$ = 14,55 µm

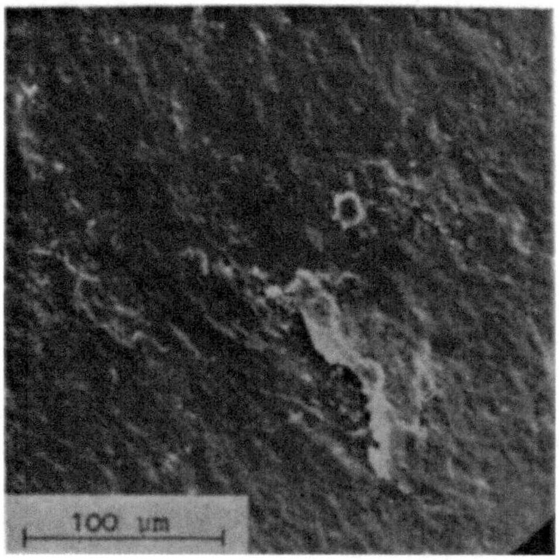


Bild 74: Ausschnitt aus der beanspruchten Oberfläche des treibenden Prüfkörpers der Werkstoffpaarung NE e/VA

Verschleißbetrag:

$\Delta R_t$ = 16,26 µm

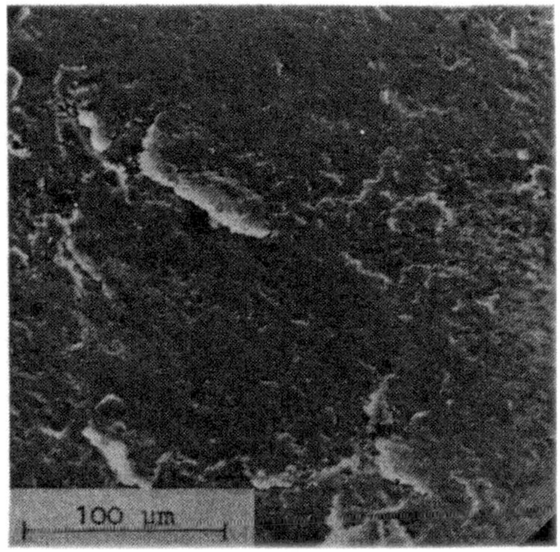


Bild 75: Ausschnitt aus der beanspruchten Oberfläche des treibenden Prüfkörpers der Werkstoffpaarung MB/VA
Verschleißbetrag:
$\Delta R_t$ = 45,80 µm

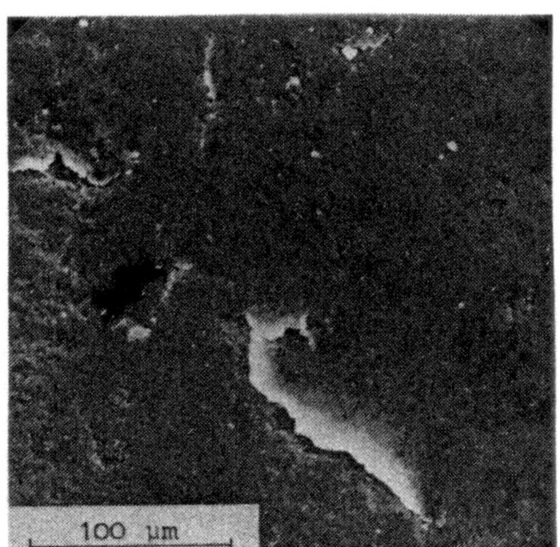


Bild 76: Ausschnitt aus der beanspruchten Oberfläche des bremsenden Prüfkörpers der Werkstoffpaarung MD/VA
Verschleißbetrag:
$\Delta R_b$ = 4,45 µm

Bild 77: Ausschnitt aus der beanspruchten Oberfläche des bremsenden Prüfkörpers der Werkstoffpaarung NE e/VA
Verschleißbetrag:
$\Delta R_b$ = 101,45 µm

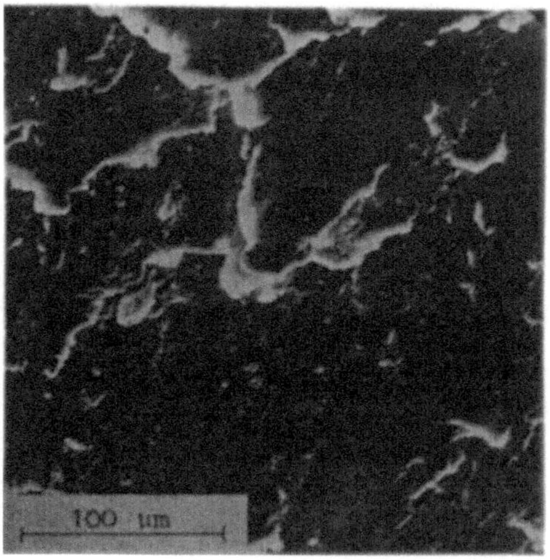


Bild 78: Ausschnitt aus der beanspruchten Oberfläche des bremsenden Prüfkörpers der Werkstoffpaarung VL/VA
Verschleißbetrag:
$\Delta R_b$ = 31,10 µm

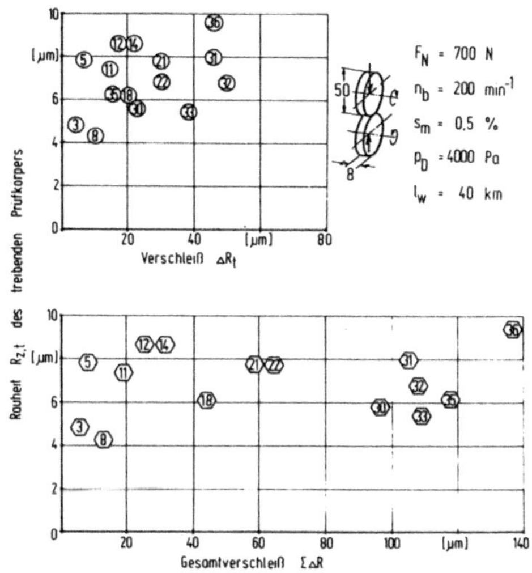


**Bild 79:** Zusammenhang von Verschleiß und Rauheit der beanspruchten Oberflächen der treibenden Prüfkörper

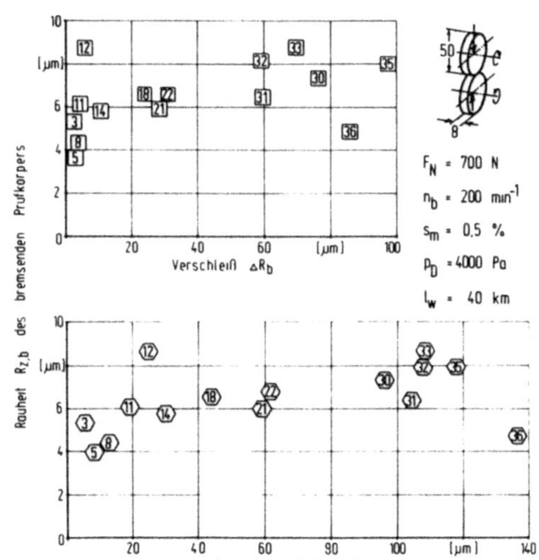


**Bild 80:** Zusammenhang von Verschleiß und Rauheit der beanspruchten Oberflächen der bremsenden Prüfkörper

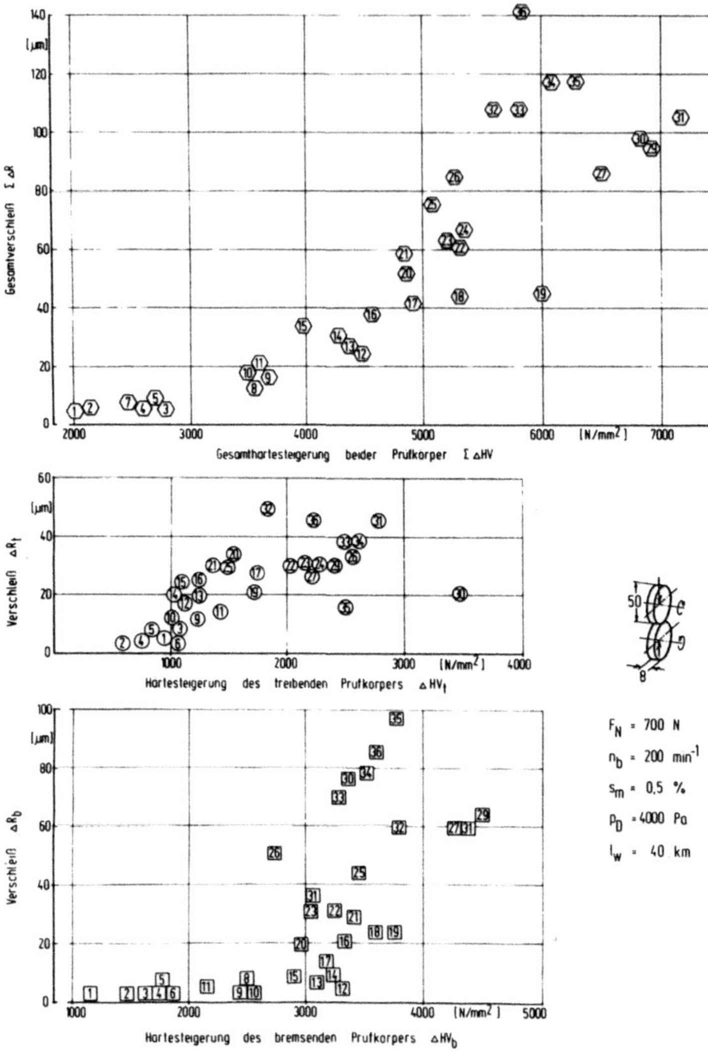


Bild 81: Verschleiß als Funktion der Härtesteigerung der Prüfkörper

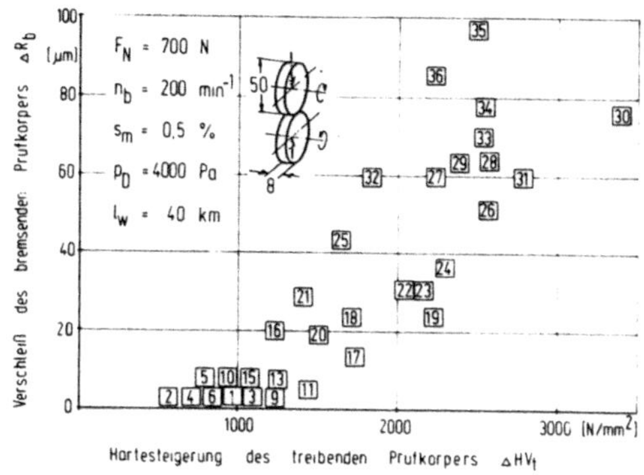


**Bild 82:** Verschleiß des bremsenden Prüfkörpers als Funktion der Härtesteigerung des treibenden Prüfkörpers

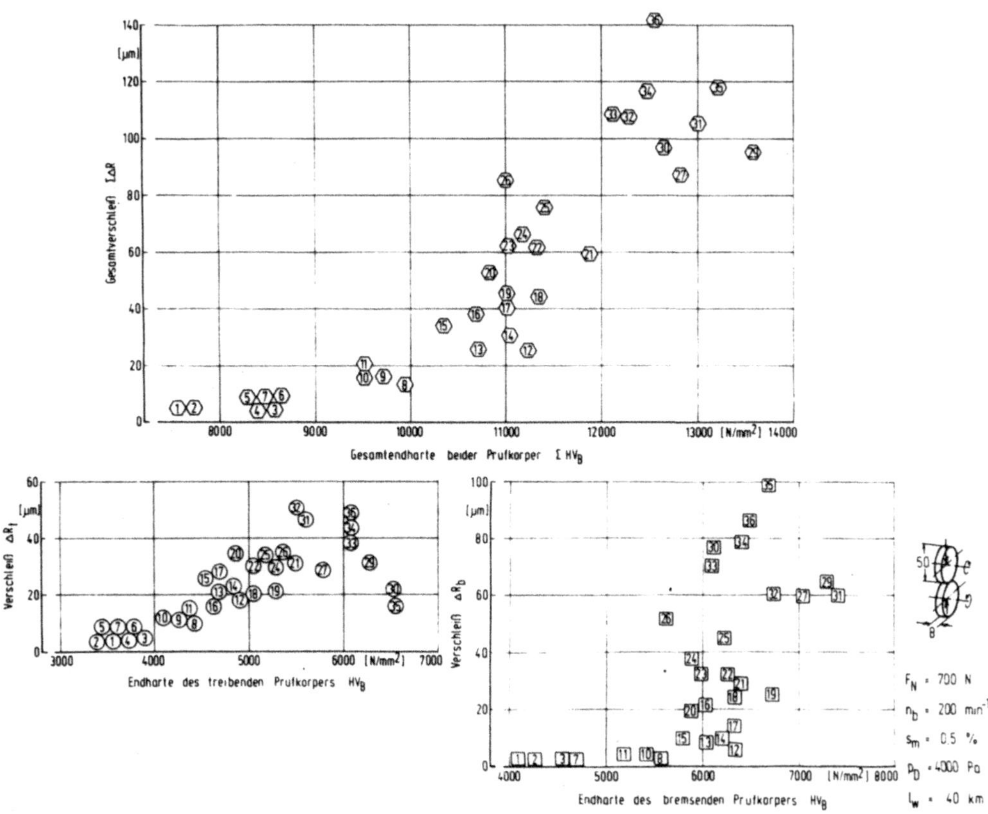


**Bild 83:** Verschleiß als Funktion der Endhärte der Prüfkörper

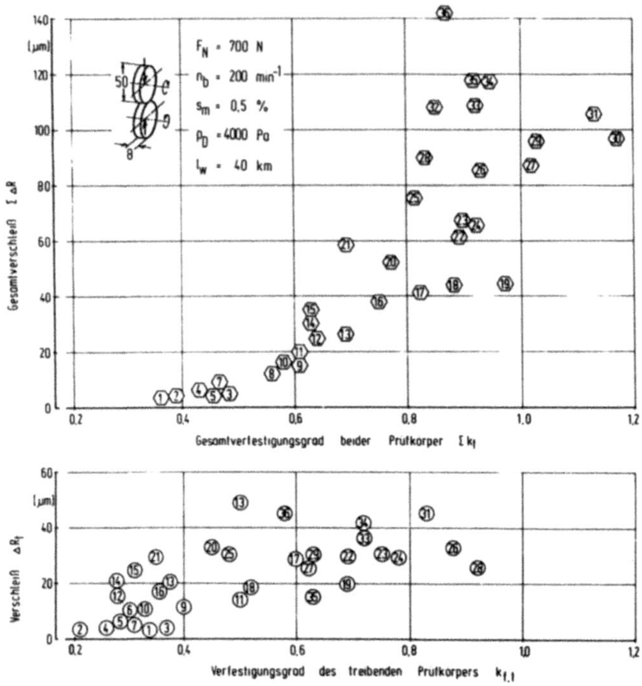


Bild 84: Verschleiß als Funktion des Verfestigungsgrades

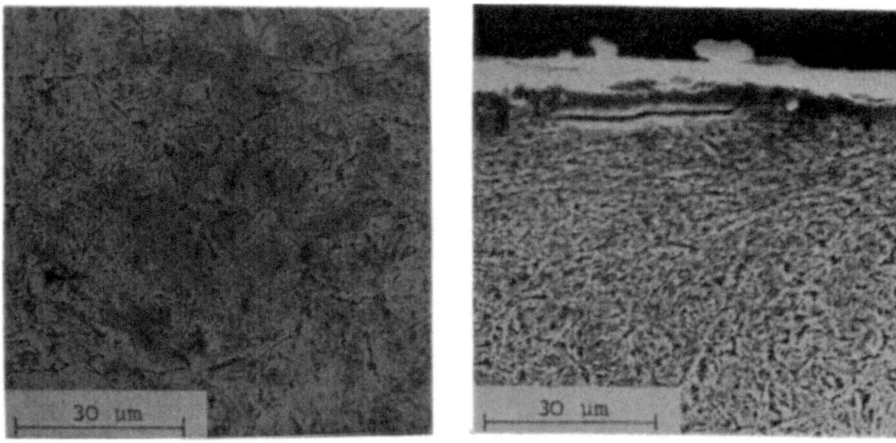


unverformtes Grundgefüge

| | |
|---|---|
| Ferrit | - % |
| Perlit | - % |
| Zwischenstufe | 65 % |
| Martensit | 35 % |

verformte Grenzschicht

Verschleißbetrag:
$\Delta R_t$ = 6,63 µm

Verfestigung:
$HV_t$ = 883 $N/mm^2$

Bild 85: Grundgefüge und durch technisch trockene Wälzreibung verformte Grenzschicht des Stahles NE der Werkstoffpaarung 6 (NE/VA, Verschleißgruppe 1)

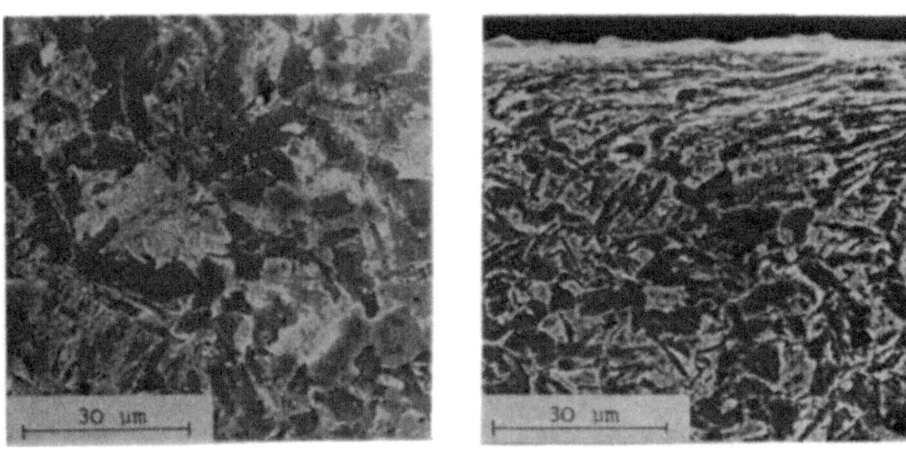


unverformtes Grundgefüge

| | |
|---|---|
| Ferrit | 15 % |
| Perlit | - % |
| Zwischenstufe | 70 % |
| Martensit | 15 % |

verformte Grenzschicht

Verschleißbetrag:
$\Delta R_t$ = 14,55 µm

Verfestigung:
$\Delta HV_t$ = 1440 $N/mm^2$

Bild 86: Grundgefüge und durch technisch trockene Wälzreibung verformte Grenzschicht des Stahles MD der Werkstoffpaarung 11 (MD/VA, Verschleißgruppe 2)

unverformtes Grundgefüge

| | |
|---|---|
| Ferrit | 10 % |
| Perlit | 90 % |
| Zwischenstufe | - % |
| Martensit | - % |

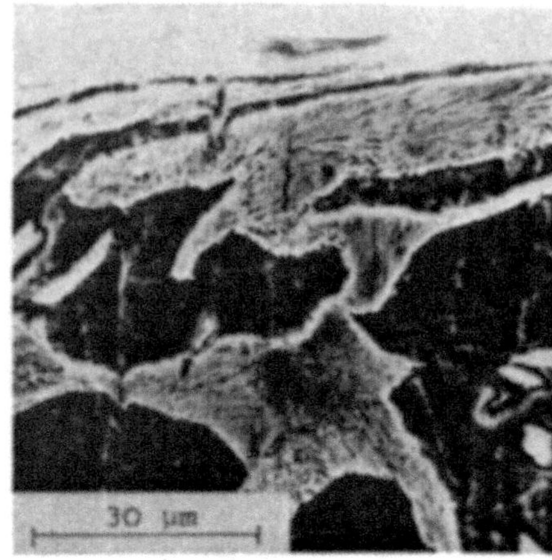


verformte Grenzschicht

Verschleißbetrag:
$\Delta R_t$ = 30,73 µm

Verfestigung:
$\Delta HV_t$ = 2043 N/mm$^2$

Bild 87: Grundgefüge und durch technisch trockene Wälzreibung verformte Grenzschicht des Stahles VL der Werkstoffpaarung 22 (VL/VA, Verschleißgruppe 4)

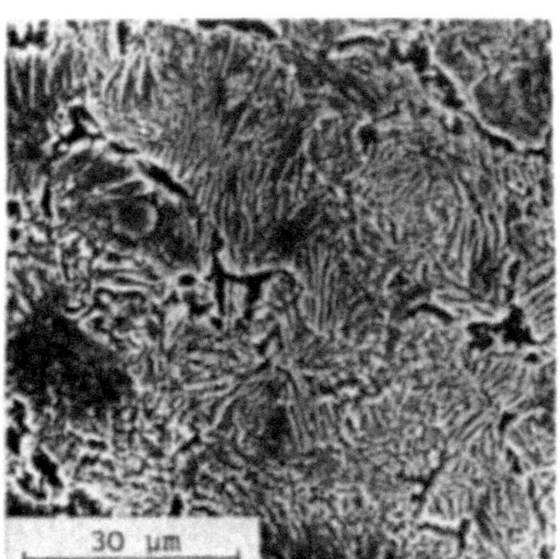


unverformtes Grundgefüge

| | |
|---|---|
| Ferrit | 55 % |
| Perlit | 30 % |
| Zwischenstufe | 15 % |
| Martensit | - % |

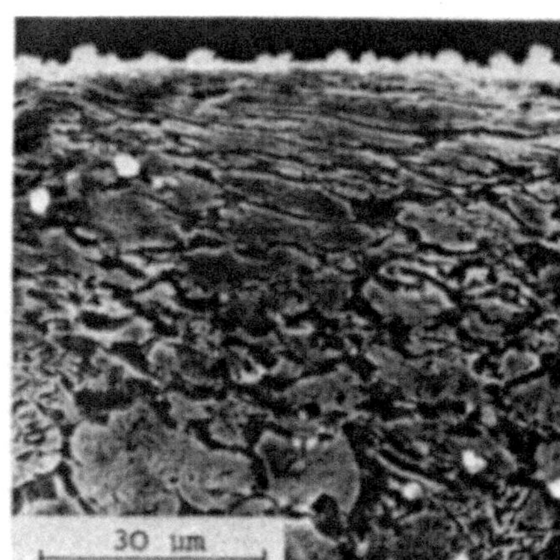


verformte Grenzschicht

Verschleißbetrag:
$\Delta R_t$ = 45,80 µm

Verfestigung:
$\Delta HV_t$ = 2777 N/mm$^2$

Bild 88: Grundgefüge und durch technisch trockene Wälzreibung verformte Grenzschicht des Stahles MB der Werkstoffpaarung 31 (MB/VA, Verschleißgruppe 5)

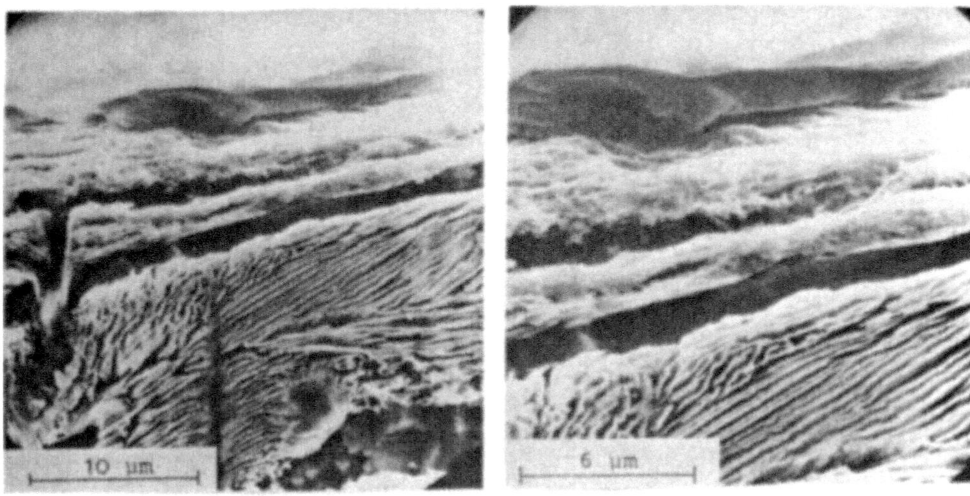


Längsschliff Längsschliff

Bild 89: Rißbildung und Zerstörung der Perlitstruktur in der verformten Grenzschicht des Vergleichsstahles VL (Festigkeitsstufe I, Perlitgefüge)

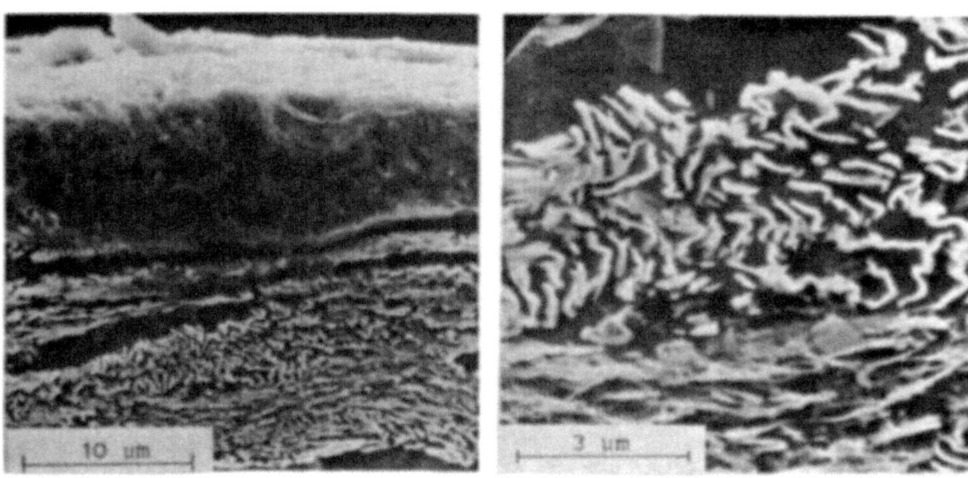


Querschliff Querschliff

Bild 90: Rißbildung und Zerstörung der Perlitstruktur in der verformten Grenzschicht des Vergleichsstahles VL (Festigkeitsstufe I, Perlitgefüge)

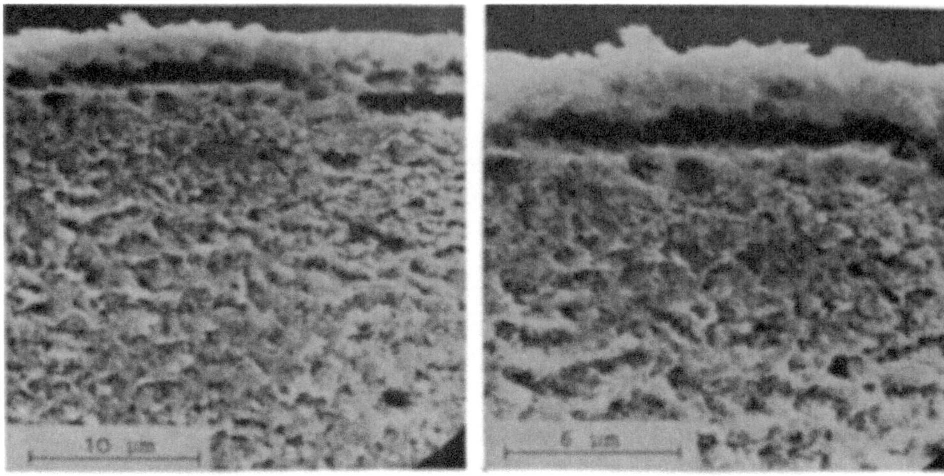


Querschliff Querschliff

Bild 91: Ablösung der Reaktionsschicht durch Rißbildung im Übergangsbereich zum verformten Grundwerkstoff des Stahles NE (Festigkeitsstufe I, Martensitgefüge) Verschleißbetrag: $\Delta R_t$ = 6,10 µm

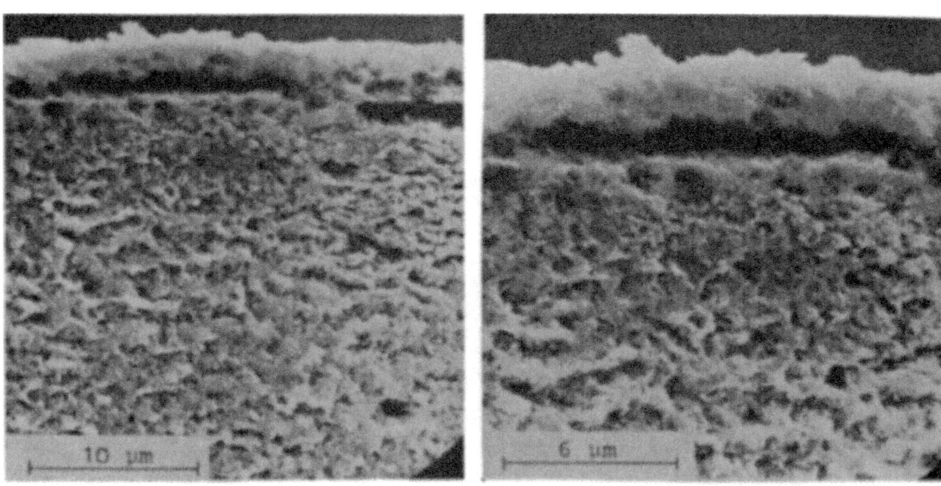


Querschliff Querschliff

Bild 92: Homogener Übergang von der Reaktionsschicht zum verformten Grundgefüge des Stahles MD (Festigkeitsstufe I, Zwischenstufengefüge) Verschleißbetrag: $\Delta R_t$ = 14,55 µm

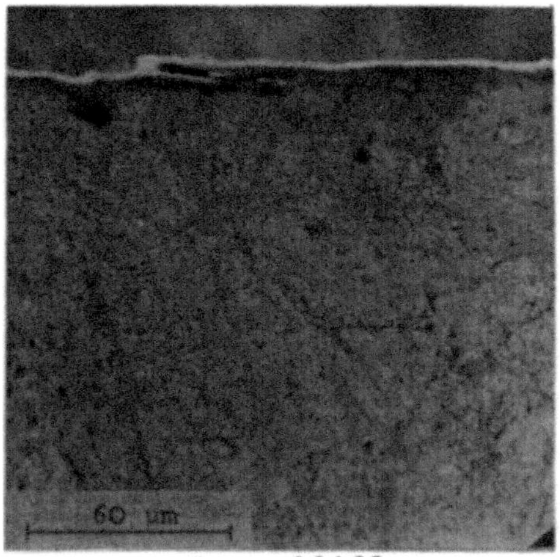


Querschliff

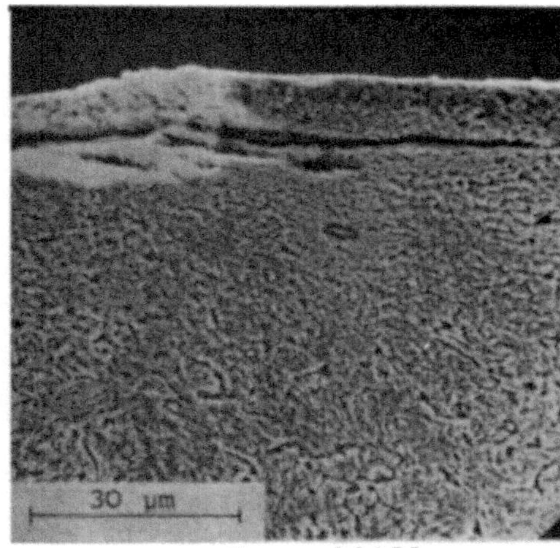


Querschliff

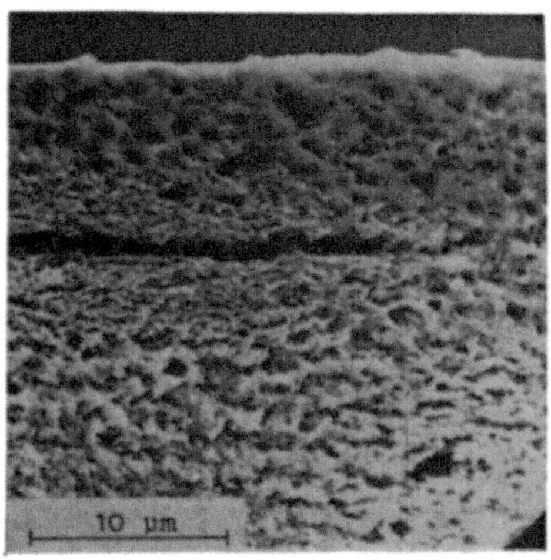


Querschliff

Querschliff

Bild 93: Rißverlauf bis zur Oberfläche und Rißbildung im verformten Grundgefüge des Stahles NE 2 (Festigkeitsstufe II, Martensitgefüge) Verschleißbetrag: $\Delta R_t$ = 31,60 µm

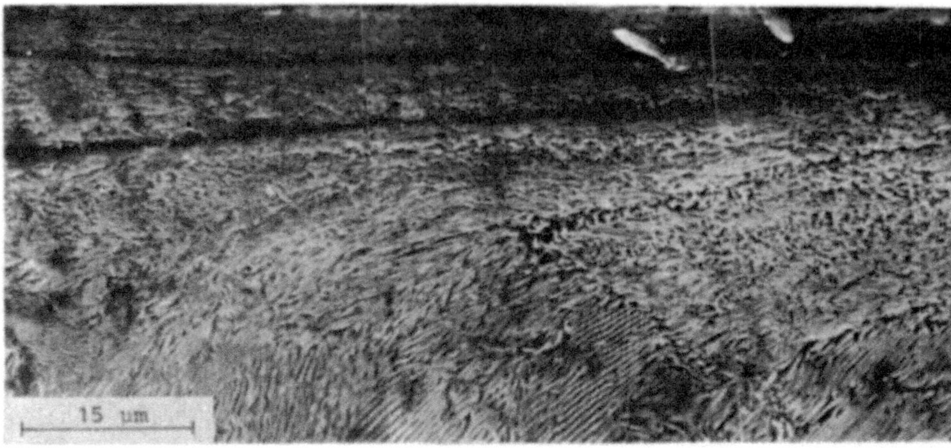


Bild 94: Parallel zur Oberfläche verlaufende Risse im verformten Grundwerkstoff und Zerstörung der Perlitstruktur des Vergleichsstahles VA

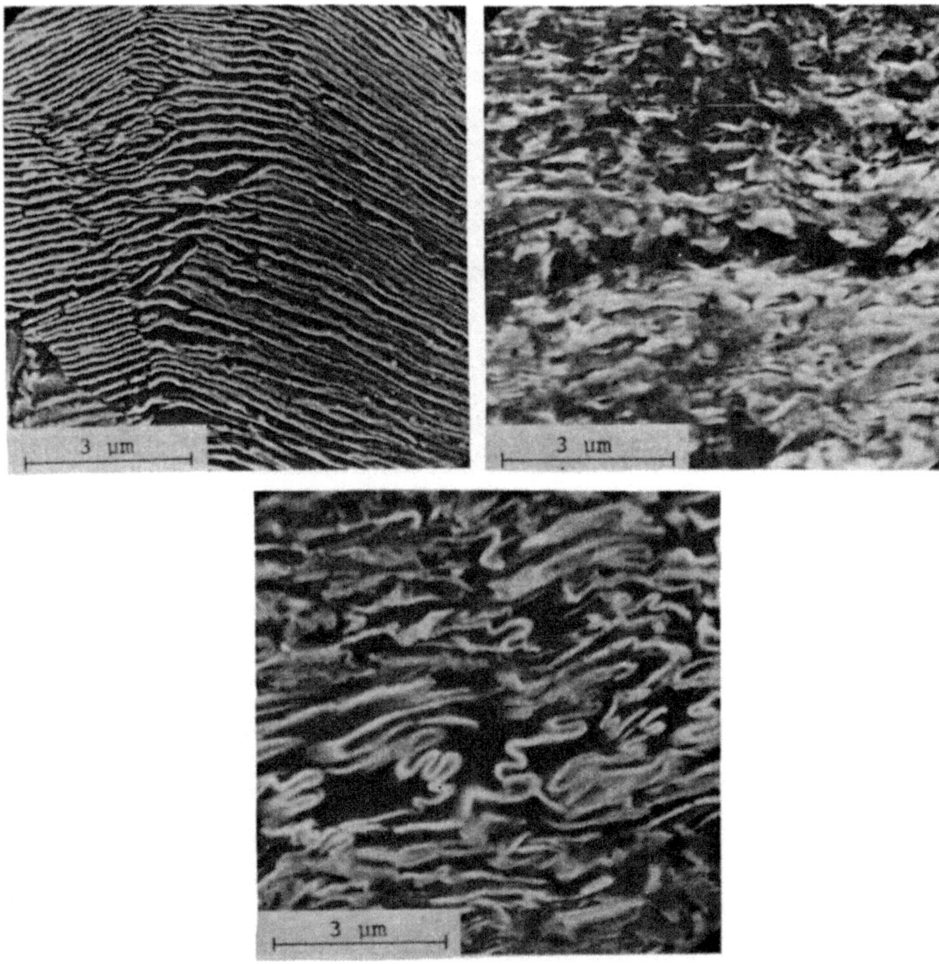


Bild 95: Grundgefüge und zerstörte Perlitstruktur des Vergleichs stahles VA (bremsender Prüfkörper)

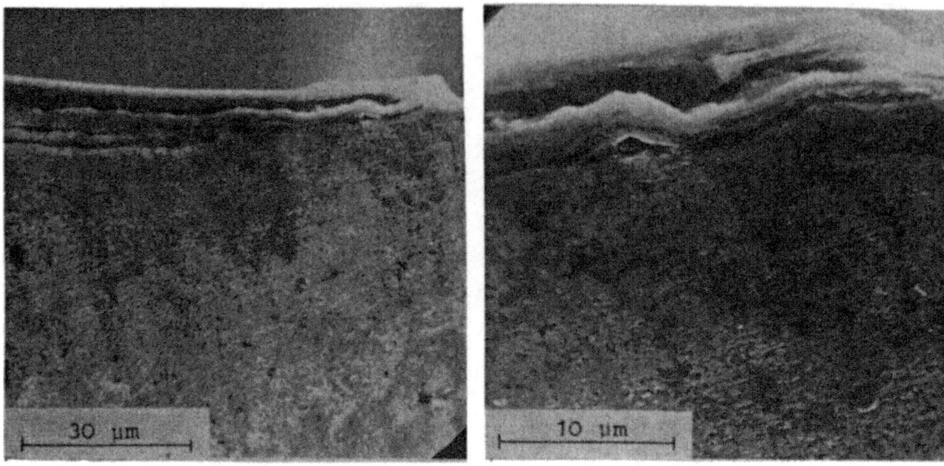


Längsschliff Längsschliff

Bild 96: Ablösung von Verschleißpartikeln und Rißbildung in der Grenzschicht des perlitischen Vergleichsstahles VA bei Kombination mit dem martensitischen Stahl NE in der Festigkeitsstufe I; Verschleißbetrag: $\Delta R_b$ = 1,98 µm

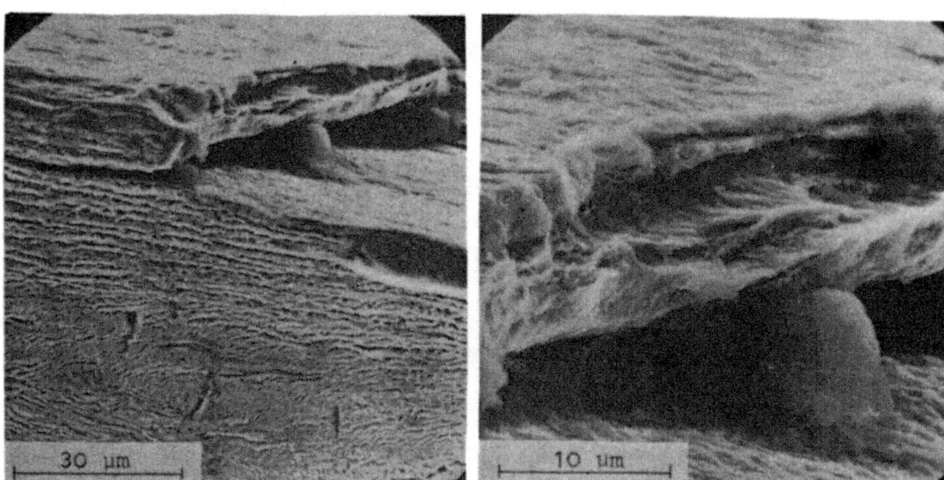


Längsschliff Längsschliff

Bild 97: Ablösung von Verschleißpartikeln und Rißbildung in der Grenzschicht des perlitischen Vergleichsstahles VA bei Kombination mit dem perlitischen Vergleichsstahl VL 3, Festigkeitsstufe II; Verschleißbetrag: $\Delta R_b$ = 76,30 µm

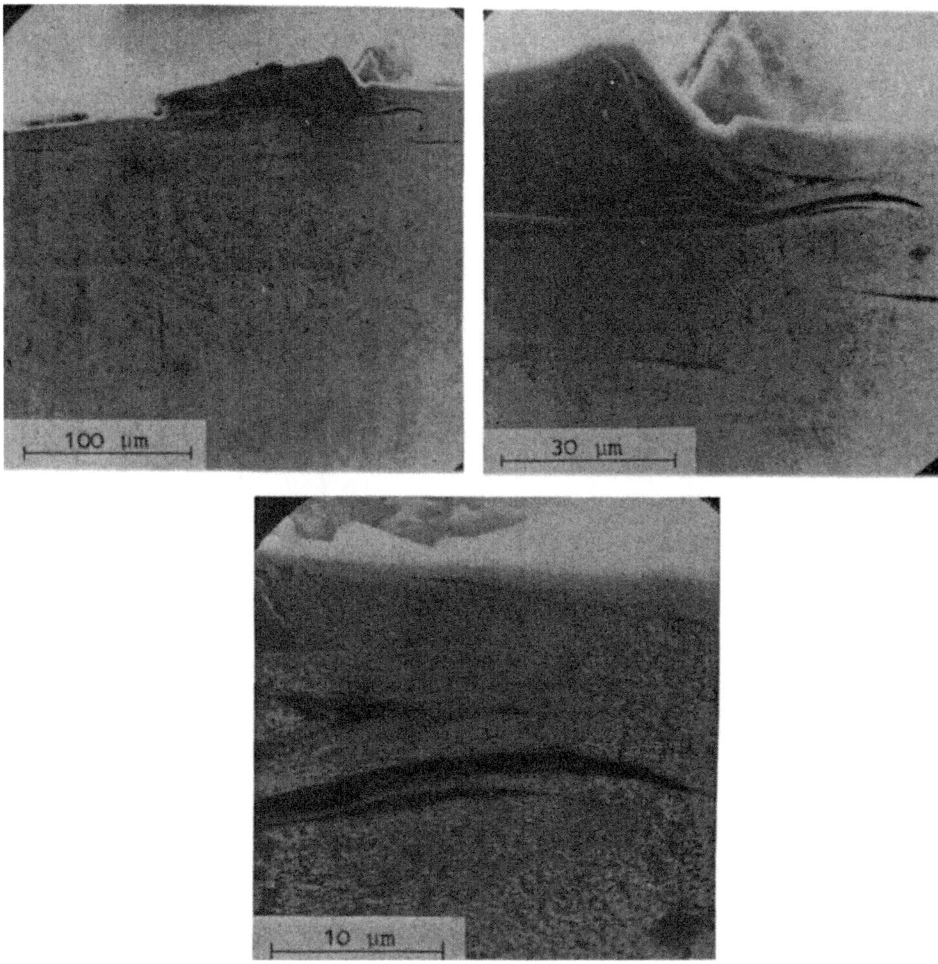


<u>Bild 98:</u> Ablösung von Verschleißpartikeln und Rißbildung in der Grenzschicht des perlitischen Vergleichsstahles VA bei Kombination mit dem martensitischen Stahl NE e (hochfeste Sonderausführung)

Verschleißbetrag:

$\Delta R_b$ = 101,45 µm

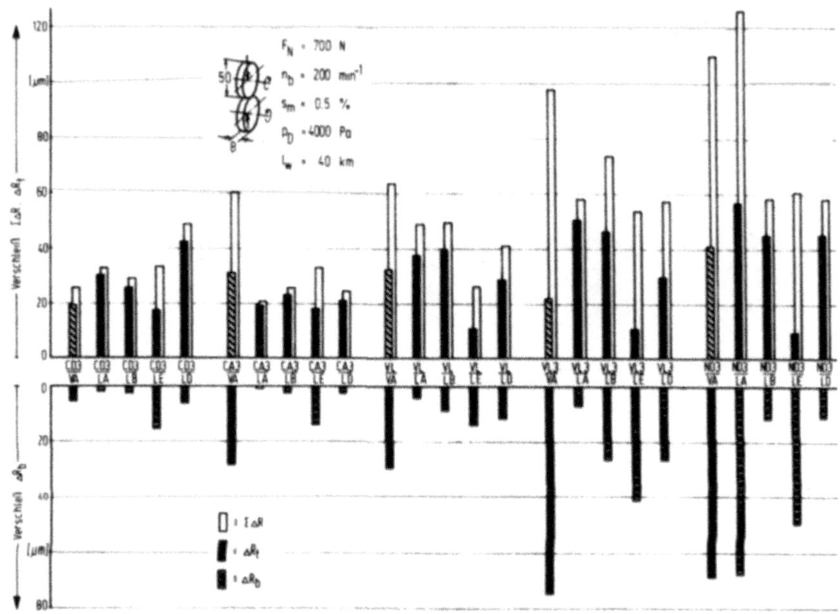

Bild 99: Verschleißbeträge der Werkstoffpaarungen mit den Stählen der Gruppe L als Werkstoffe der bremsenden Prüfkörper sowie der Vergleichspaarungen mit dem Stahl YA als Gegenwerkstoff (fünf Gruppen mit jeweils gleichem Stahl des treibenden Prüfkörpers)

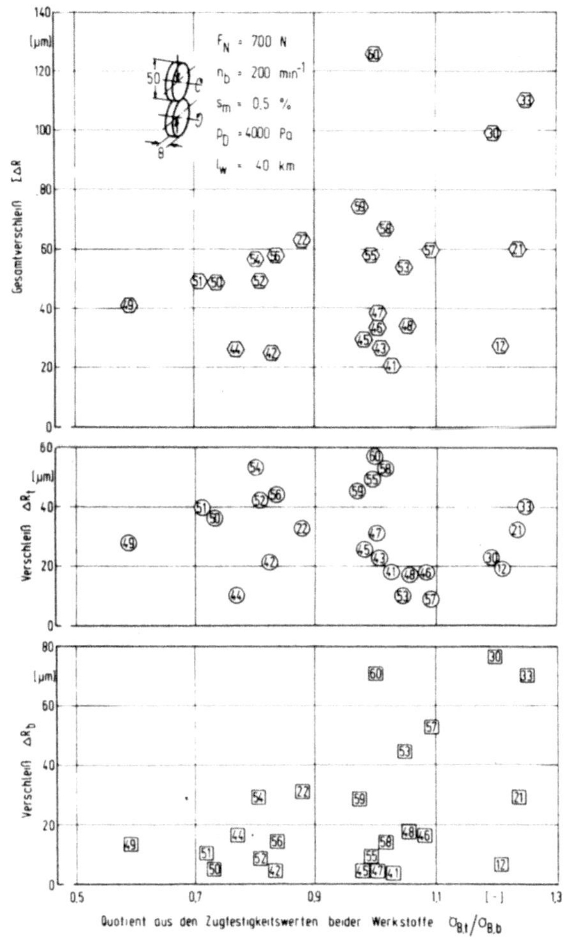


Bild 100: Verschleiß als Funktion des Quotienten der Zugfestigkeitswerte beider Werkstoffe

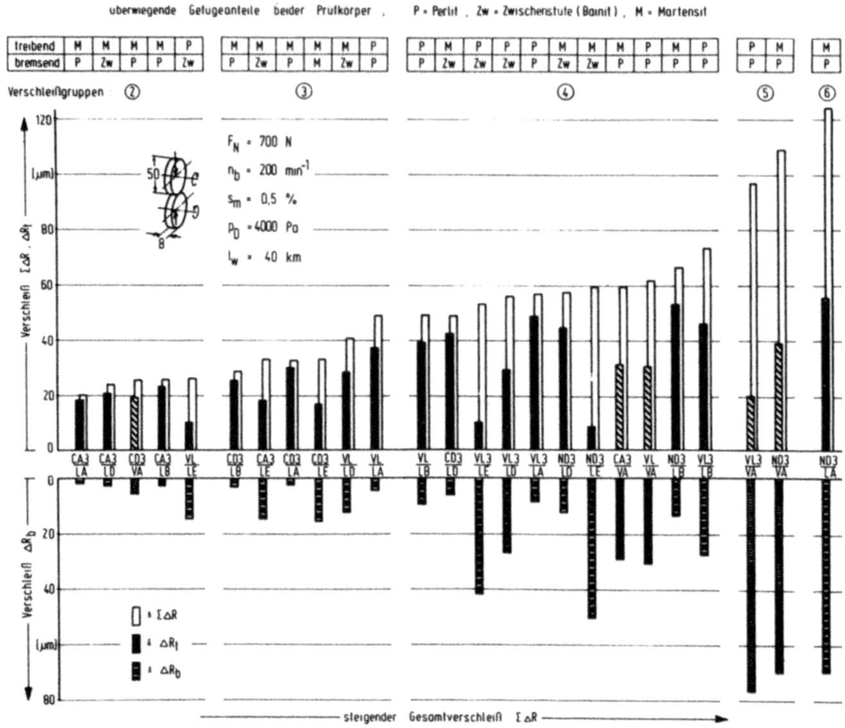


Bild 101: Verschleißbeträge der Werkstoffkombinationen mit den Stählen der Gruppe L sowie der Vergleichspaarungen mit dem Stahl VA als Gegenwerkstoff, in Verschleißgruppen nach steigendem Gesamtverschleiß geordnet

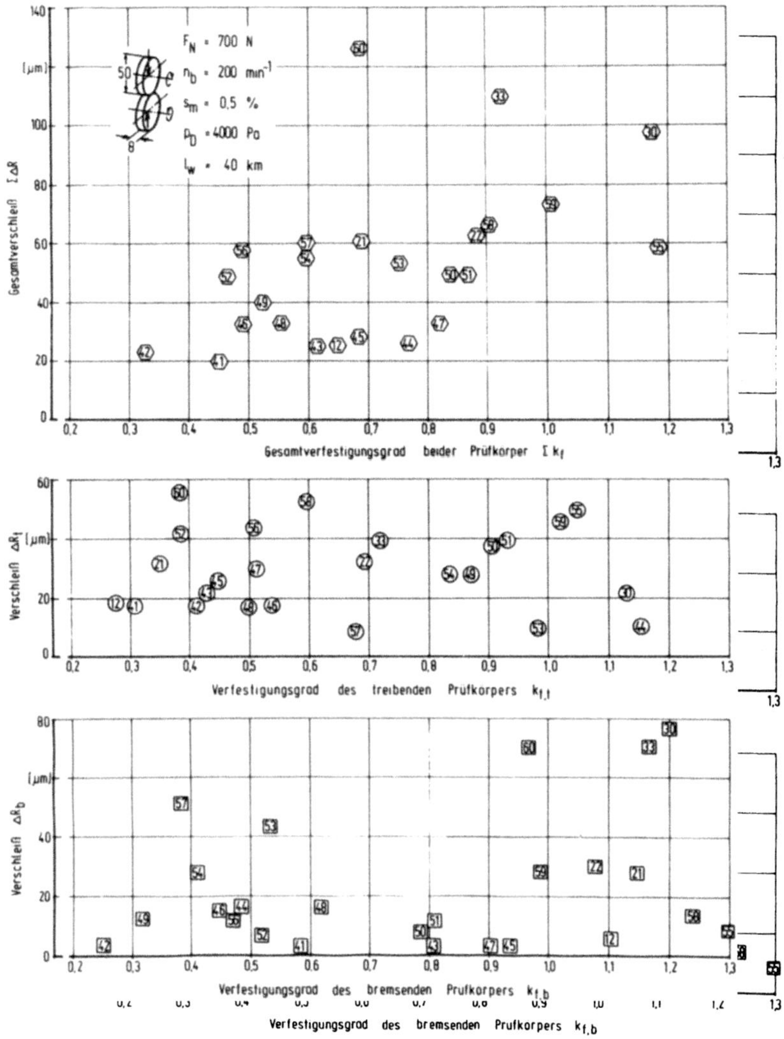


<u>Bild 102:</u> Verschleiß als Funktion des Verfestigungsgrades

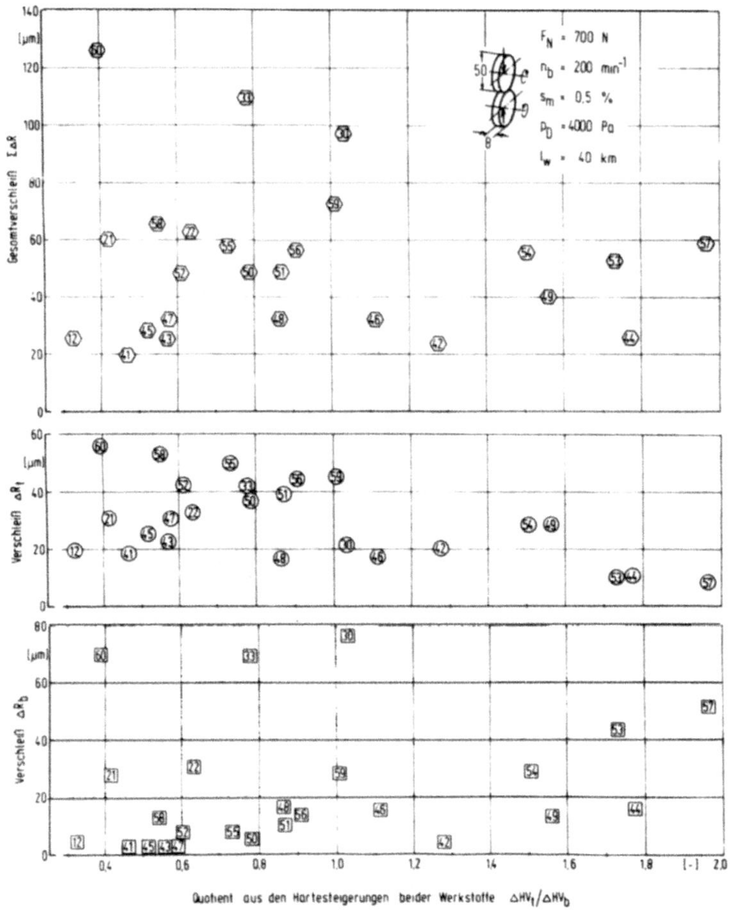


<u>Bild 103:</u> Verschleiß als Funktion des Quotienten aus den Härtesteigerungen beider Werkstoffe

GPSR Compliance

*The European Union's (EU) General Product Safety Regulation (GPSR) is a set of rules that requires consumer products to be safe and our obligations to ensure this.*

*If you have any concerns about our products, you can contact us on ProductSafety@springernature.com*

In case Publisher is established outside the EU, the EU authorized representative is:

Springer Nature Customer Service Center GmbH
Europaplatz 3
69115 Heidelberg, Germany

**Batch number: 10584556**

Printed by Printforce, the Netherlands